白枫麟 —— 著

如何拥有
自己说了算的人生

"个体心理学之父"阿德勒

台海出版社

图书在版编目（ＣＩＰ）数据

如何拥有自己说了算的人生："个体心理学之父"
阿德勒给年轻人的忠告 / 白枫麟著. -- 北京：台海出
版社, 2022.7

ISBN 978-7-5168-3307-0

Ⅰ. ①如… Ⅱ. ①白… Ⅲ. ①成功心理−青年读物
Ⅳ. ①B848.4−49

中国版本图书馆CIP数据核字(2022)第076894号

如何拥有自己说了算的人生："个体心理学之父"阿德勒给年轻人的忠告

著　　　者：白枫麟	
出 版 人：蔡　旭	封面设计：于　芳
责任编辑：曹任云	

出版发行：台海出版社

地　　　址：北京市东城区景山东街20号　　邮政编码：100009

电　　　话：010−64041652（发行，邮购）

传　　　真：010−84045799（总编室）

网　　　址：www.taimeng.org.cn/thcbs/default.htm

E−mail：thcbs@126.com

经　　　销：全国各地新华书店

印　　　刷：运河（唐山）印务有限公司

本书如有破损、缺页、装订错误，请与本社联系调换

开　　本：880mm × 1230mm		1/32	
字　　数：132千字		印　张：6	
版　　次：2022年7月第1版		印　次：2022年7月第1次印刷	
书　　号：ISBN 978-7-5168-3307-0			
定　　价：48.00元			

序 | PREFACE

掌握一些心理学知识，你就可以过好这一生

有的人会说，我既没有心理问题，又不想从事心理咨询行业，我为什么要学习心理学呢？

这其实是一个认知误区！

焦虑已经成为很多人生活的底色。大部分人在遭受情绪折磨，痛苦不已的时候，这才想起了心理学，他们把心理学当成解决心理问题与治疗心理疾病的"救命稻草"。然而，心理学的作用却远不止这些。事实上，心理学是为所有关心自己身心发展、寻求家庭幸福、追求卓越的人而准备的。

性格孤僻，交不到朋友，可以改变吗？总想干涉另一半，婚姻出现危机，怎么办？做事拖延，工作低效，该如何处理？这些困扰着我们的问题，其实都可以从心理学中找到答案。

著名影星奥黛丽·赫本对心理学很有研究，她曾说："它帮助我，更好地去理解每一个角色，走进每个角色的内心，塑造出人们都喜欢并认可的人物。"

查理·芒格和马克·扎克伯格都非常善于运用心理学思维。学

习心理学，不但可以提高情商，还可以根据人性特点，做出最优的选择方案。

不过，心理学流派众多，想要系统地学习，对于普通人来说很不现实。

如果你不想成为一名专业的心理咨询师，只想掌握一些简单实用的心理学技巧，解决生活和职场上的难题，那么，阿德勒心理学，可以作为首选。

阿尔弗雷德·阿德勒是与弗洛伊德和荣格齐名的心理学三大巨头之一，他创立的"个体心理学"是心理学史上的一个重要流派，他对人类个体心理的研究做出了不可磨灭的贡献。

阿德勒不盲从既有的价值观，他提出每个人都有不同程度的"自卑感"，并倡导人们纠正错误的生活模式，建立更有价值的生命意义，确立符合自己的人生目标。

关于心理创伤，阿德勒认为任何经历本身都不足以构成成功或失败的原因，过去，尤其是童年的经历不能决定我们的人生走向。他认为应该从经历中找出合乎目的的解释，进而提出了"目的论"。他觉得人不应该被自己的过往经历所定义，而是应该通过赋予经历意义来定义自己。

这个理论与弗洛伊德提出的"原因论"完全相反。

例如一个人因为失恋，从此闭门不出。

按照弗洛伊德的"原因论"，想要解决这个出门的问题，就要先治好他的心理创伤。但是，这个治疗过程是痛苦且漫长的。然而，阿德勒的"目的论"认为，不出门，只是他不想去做，他害怕被异性拒绝而受伤。与其陷入这个窘境，倒不如一开始就不与任何人联系。换句话说，不出门的"目的"是避免在人际交往中受伤。

事实上，"心理创伤"只是你为自己不做改变找的借口。治疗心理创伤需要改变你的"目的"，而不是从过去寻找源头。

我们的生活模式完全是自己选择的结果，与其他人和过往遭遇没有关系，这其实是关于"勇气"的哲学。很多人会把自己的不幸归咎于原生家庭、情路坎坷、职场危机等，这是一种带有宿命意味的"原因论"。

阿德勒以未来为导向提出"目的论"，该理论有乐观的成分。尽管历史无法改变，但是你可以改变现在的目的。他相信人会主动寻求改变，包括生活方式、处世态度，乃至人生意义。

阿德勒指出"一切烦恼皆源于人际关系"，在与他人的交往中，受伤在所难免。为了让关系更加融洽，他提出了"课题分离"。首先，把遇到的问题分成两个部分："自己的课题"和"别人的课题"。其次，就是解决自己的课题，不能干涉他人的课题。

一切人际关系矛盾都起因于：你介入别人的课题或者他人介入你的课题。只要能够进行"课题分离"，人际关系就会发生巨大改变。

贸然介入别人的课题，不但解决不了问题，还会导致问题进一步激化，与他人产生矛盾。我们"并不是为了满足别人的期待而活着"，即便是父母，也不能打着"为你好"的旗号，对孩子的课题妄加干涉。

为什么我们会介入别人的课题？

究其原因，就是寻求"认可"。介入他人的问题表面看起来是为他人着想，实际上是通过得到他人的认可来满足自我需求。也就是说，不是"为了你"而是"为了我"。正是因为察觉到这种欺骗行为，所以，介入别人的课题才会遭到对方的抗议。

阿德勒否定"认可需求"，认为一味地追求认可，最终会失去自我。他希望每个人的内心能强大起来，不依赖于其他人而活。那我们该如何确立"自己有价值"呢？

这就引出了继"目的论""课题分离"之后的第三大核心理论："共同体感觉"。

不幸之源在于人际关系，反之，幸福之源也在于人际关系。人际关系的起点是"课题分离"，终点是"共同体感觉"。

"共同体感觉"是指"把他人看成朋友，并从中能够感受到有自己的位置"，把对自我的执着，转换成对他人的关心。在"共同体"中做出贡献，找到自身的价值，拥有归属感，从而获得幸福。

建立"共同体感觉"需要从三点做起：自我接纳、他者信赖和他者贡献。

人人寻求的归属感，必须积极地参与到"共同体"中才能够得到。所谓参与，就是直面"人生课题"，也就是不回避工作、交友、爱的人际关系课题，要积极主动地去面对。

著名心理学家奥尔波特曾断言："个体心理学在 20 世纪将迅速发展，因为只有得到它的帮助，心理学才能符合它所研究和服务的人类本性。"

阿德勒心理学具有极强的前瞻性，它不是死板的学问，而是要明明白白地教大家如何获得幸福，如何坚强地活下去。

尤其在现今这个年代，阿德勒心理学犹如浸入沙漠的一缕清泉，让人重新体味到生命的意义和价值。书中列举了不少心理学知识，希望亲爱的你学会之后，可以受用终身。

白枫麟

目 录 | CONTENTS

| 自 | 我 | 篇 |

忠告 1　人只有彻底了解自己，才有能力面对困境，改变命运

不是每一个人都活在同一个世界里　/ 2

性格不是天生的，只要你愿意，性格随时随地可以改变　/ 5

任何人心灵深处都存在着一个终极目标　/ 8

我们只是利用情绪，并不是被情绪推动，受它支配　/ 11

忠告 2　过去不会影响你，你对过去的反馈才会影响你

你的不幸是自己选择的　/ 15

发生什么不重要，重要的是如何看待它们　/ 18

所有"我做不到"的说辞，其实只是"不想做"罢了　/ 22

你的人生不取决于过去，而是取决于"当下"　/ 25

忠告3　自卑能成为让自己变得更好的原动力

即使看起来非常优秀的人，心里也会感到自卑　/ 28

不要让"自卑感"发展为"自卑情结"　/ 31

优越情结是自卑情结的产物　/ 33

"我"的价值由自己来确定　/ 36

忠告4　如果总是在意别人对自己的看法，自己的人生就会失去方向

自由就是不再寻求认可　/ 40

不要活在别人的期待中　/ 43

成长不必背负他人的问题　/ 45

从不同角度看待否定自己的话语，世界就会骤然改变　/ 47

忠告5　接受自己是不完美的

人生始于不完美　/ 50

不是肯定自我，而是接纳自我　/ 54

我们不需要强迫自己改变，只要学会从不同角度发现自己的亮点　/ 58

不要逞强让自己"看起来很强"，而是努力让自己真正变强　/ 61

| 社 | 会 | 篇 |

忠告 1 尊重是一切人际关系的基础

尊重就是实事求是地看待一个人 / 64

先学会尊重自己，才能真正尊重他人 / 67

把"对个人的执着"转变为"对他人的兴趣" / 70

所有人的内心都有"共同体感觉" / 74

忠告 2 工作是我们必须面对的人生课题

一个人只有借助劳动分工，才能成为集体的一分子 / 78

决定人价值的不是从事什么样的工作，而是以什么样的态度致力于
自己的工作 / 81

工作的本质是对他人的贡献 / 85

如果没有目标作为支撑，那我们就像在演戏一样，会越发不自在 / 88

忠告 3 爱情和婚姻是两个人齐心协力的合作

爱是由两个人共同完成的课题 / 92

爱一个人是一种决心和约定 / 95

不存在"命中注定的人" / 98

通过"爱他人"才能渐渐成熟，实现自立 / 102

忠告 4　人类是无法互相理解的存在，所以只能选择信赖

所有烦恼都是人际关系的烦恼　/105

世上没有人是为了满足你的期望而活的　/108

无法信赖别人，是因为不能彻底信赖自己　/111

人生不是与他人的比赛，和自己比才有意义　/115

|人|生|篇|

忠告 1　我们赋予生活的意义正确与否，带来的结果将是天壤之别

人生的三大课题　/120

童年所处的环境容易孕育出错误的"生活意义"　/123

如果一切都已被决定，我们连做什么的余地都没有，那我们也失去了活着的目的　/127

重要的不是被给予了什么，而是如何去利用被给予的东西　/131

忠告 2　认真的人生"活在当下"

过多的自我意识，反而会束缚自己　/134

人生是一连串的"刹那"，重要的是"此时此刻"　/138

任何人都能有所成就　/ 140

人生没有那么多苦难，是你自己让人生变得复杂了　/ 143

忠告 3　生活的意义在于贡献

所有快乐都是人际关系的快乐　/ 148

如果一个人认为生活的意义就是要保护自己免受伤害，那么他就会
在潜意识里封闭自我　/ 152

只要自己做了正确的事，感受到了"贡献感"，就不必在意别人的
评价　/ 156

在更广阔的世界里寻找自己的位置　/ 159

忠告 4　人生的意义，由你自己书写

人是有意识的个体，参与创造自己的命运　/ 164

我们要抱持乐观主义而不是乐天主义　/ 168

认真完成每一件小事，人生会在你意想不到的时候发生改变　/ 171

好好活着，比什么都重要　/ 175

一｜自｜我｜篇｜

你的"幸福"和"不幸"，

其实都是自己选择的。

只有彻底了解自己，

才有能力改变命运。

忠告 1

人只有彻底了解自己，才有能力面对困境，改变命运

不是每一个人都活在同一个世界里

人并非活在同一个世界里，而是活在自己诠释的世界里，我们可以通过赋予经历全新的意义来定义自己。

从物质世界来说，地球是人类共同的家园，我们没法脱离它，跑到别处生存繁衍。客观事实决定，无论身处何方，我们都活在同一个世界里。

从精神世界来说，由于个人成长环境、教育背景、社交圈子以及人生经历的不同，每个人的内心世界都是独一无二的。即便是形影不离的双胞胎，他们的精神层面也不尽相同。对此，个体心理学创始人阿德勒认为"人并非活在同一个世界里，而是活在自己诠释

的世界里"。

为了说明这件事，给大家讲个真实的故事。

阿松、小波和晶晶出生于 20 世纪 80 年代的偏远农村，由于家庭条件差，小时候物资匮乏，她们吃了不少苦头。三个人成绩优异，都考上了理想的大学，毕业后在省城安了家。即便她们年少时有着相似的苦难经历，她们却做出了截然不同的诠释。

阿松特别溺爱孩子。尽管只是工薪阶层，但是她会竭尽所能地满足孩子。对方要什么买什么，甚至有时候，孩子还没开口，阿松就提前准备好了礼物。家里的玩具多得能开店。

阿松认为，自己小时候家里太穷，没有享受过快乐的童年。那时候，做梦都想拥有一件玩具，可惜未能如愿。如今生活条件好了，孩子可以免遭她小时候那份罪。她要努力经营生活，让孩子在舒适的环境中成长，充分享受童年的快乐。

与阿松相反，小波提倡"穷养"孩子。尽管小波是职业经理人，薪酬丰厚，但是她对孩子特别抠门。衣服是捡亲戚家孩子穿小的，玩具是低价从二手市场买的，她还要求孩子做家务赚取零花钱。

小波还振振有词地对孩子说教："我小时候比这还辛苦，我都撑过来了。你是妈妈的儿子，一定也能办到。"虽然嘴上这样讲，但是小波内心却是另外一种想法：凭什么我小时候吃了那么多苦，你一出生就能过上舒坦日子？小孩子就不能娇生惯养！

晶晶婚后选择做"丁克"，她坚决不要小孩。日常生活就是买买买，衣服多得数不清。老公实在看不下去了，冲她发牢骚，买衣服的钱足够养两个孩子了。晶晶大发雷霆，指责老公不通人情。

晶晶哭哭啼啼地诉苦："我小时候吃了那么多苦，不愿意生孩子怎么了？花点钱又算得了什么呢？"言外之意是：我小时候生活困难，不管现在我做了什么，都应该被谅解！

阿德勒在《自卑与超越》中进行了阐述：一般情况下，这些人被过去的经历所左右，可以通过他们采取的行为，解读他们对人生赋予的意义。倘若对诠释的内容没有改变，他们便不会改变自己的行为。

过去的经历该如何看待？

一个人回想起的往事，尤其是对童年早期的回忆，是一个人对早年生存环境的综合印象和评价，在生命中占有重要地位。这种记忆会暗示当事人"避免此类事件再次发生""对这件事抱有期待""我不应该被这件事束缚，我要开拓新的人生"。这就是阿德勒提到的"赋予意义"，即便有着相似的童年遭遇，当赋予的意义不同时，便会形成风格迥异的人生。

"赋予意义"不只对"过去"有效，对"当下"正在进行的行为一样起作用。过去的事实即使无法改变，但赋予意义的当事人现在改变了，对它的诠释也会发生相应的变化。当那段经历不符合某种目的时，当事人会选择遗忘。阿德勒的个体心理学摒弃了决定论，他认为"经历本身"并不能决定成功或失败，我们只是从过去的经验中提取部分来解释自己行为的合理性，而不会被经历的创伤所困扰或击败。

当我们对某一特殊经验解读得完全不正确，并用它指导未来的行为时，很可能会被误导。过去的经历并不能决定人生的走向，我们可以通过赋予经历全新的意义来定义自己，改变命运。

性格不是天生的，只要你愿意，性格随时随地可以改变

性格并非一成不变的，只要下定决心并持之以恒地付出行动，改变定会在潜移默化中发生。

明代的冯梦龙在《醒世恒言》中写道，"江山易改，禀性难移"，说的是江山万物容易易主，但是人的性格却难以改变。这句话流传了三百多年，被大众所熟知。很多人把这句话当成真理，认为人的性格是不可改变的。

有些人不喜欢自己的性格，但是深陷"禀性难移"的困境，认定性格是与生俱来的，"我天生就是这样子，一辈子都是这样了"。因为没有改变的可能而内心备受煎熬，觉得自己没救了！

《人间失格》中的男主角大庭叶藏虽然出生在富裕家庭，但是，他的父亲为人性情寡淡、刚愎自用，处处彰显威严，造成了叶藏从小性格怯懦敏感、胆小怕事，遇事没有底线地妥协退让。叶藏逐渐走向堕落，深陷生活的泥潭无法自拔。他从心底厌恶自己，却又无力改变。为了逃避现实，他酗酒、嗑药、自杀，最终"失去了做人的资格"。

《人间失格》是日本小说家太宰治的半自传体小说。看过之后，

读者会为男主角悲惨的一生感到心痛，但是并不会产生同情，因为这一切都是他那无可救药的性格造成的。有人把性格比作外部的建筑物，知识和阅历是内部的装饰，就算是累积再多，也不能改变建筑物的框架结构。叶藏虽然家风严谨，又受过高等教育，可惜，他的性格懦弱到碰到棉花都会受伤。所以，他根本没有办法得到幸福。

但是，阿德勒却不这样认为。他指出"性格不是天生的、永恒不变的，而是可以由自己的意志决定的。只要你愿意，性格随时随地可以改变"。为了消除人们的固化思维，阿德勒提出用"生活方式"来替代"性格"一词。

阿德勒把个体看待世界、看待人生以及赋予意义的方式统称为"生活方式"。从狭义上理解就是人的"性格"，从广义上来理解，还包含了世界观和人生观。生活方式的选择会受到生理遗传、健康状况、家庭环境（人际关系）以及所处的时代、社会、教育背景等多种因素影响，每个人都不例外。

比起"遗传"因素，阿德勒认为"环境"因素（专指人际关系，如家里排行、亲子关系等）对生活方式的形成影响更大。虽说这些因素会干扰我们对生活方式的选择，但是最终的选择权还是握在自己手中。假如某个人具有悲观的生活方式，说明他对世界、人生赋予了"悲观"的意义。如果想改变，需要换一个角度解读世界和人生。

关于性格的形成，阿德勒认为，儿童为了得到"相应的地位"和"他人的关注"会不断做出各种尝试和重复性行为。在不同结果之间，他会做出对自己有利的选择，逐渐积累起应对各种状况的经验，进而形成固定的性格。以阿德勒的观点来看，一个人的性格在 2 岁的时候出现雏形，最迟 5 岁的时候会做出选择，10 岁左右基本定型。

由此可见，性格并非与生俱来的，并不存在"我天生就是这样的人""再努力也改变不了性格"的说法。当深刻意识到当下的性格妨碍自身发展，内心强烈渴望改变的时候，只要下定决心并持之以恒地努力，性格定会在潜移默化中有所改变。

曾经有人请教阿德勒，是否年龄越大越难改变自己的性格？阿德勒风趣地回答："哪怕明天要死，现在改变也不迟。"他的意思是：人的性格都是自己亲手塑造的，改变从来不受年龄限制，从下定决心改变的这一刻起，魔法已经生效了。

其实，《人间失格》中的叶藏有一次改变的机会。但是，他却选择了放弃。他与对生活失去希望的陪酒女常子携手跳海，结果，常子死了，叶藏获救。他被父亲送到亲戚家严加管教，倘若这个时候，叶藏能够意识到自己的错误，下定决心改变的话，或许就不会坠入深渊了。

《牛虻》的主人公亚瑟同样成长于富裕家庭，他早期性格单纯，对任何人都不设防。亚瑟在向神父忏悔时，无意间泄露了组织的秘密，导致他连同战友一起被捕入狱。亚瑟顿时就成了同伴唾弃的叛徒，他痛恨自己的幼稚无知，伪装自杀，只身逃往南美洲。十三年的流亡生活，磨炼了亚瑟的意志，再回到故乡时，带着一身伤痕的他已经成为一位性格老练、视死如归的战士"牛虻"了。

叶藏和亚瑟都十分讨厌自己的性格，叶藏选择止步不前，没有改变的勇气。亚瑟不受性格局限，积极寻求改变，并最终完成蜕变，收获了全新的人生。

我们不要被"禀性难移"的观点所误导，要记住：性格是后天形成的，只要你愿意，改变随时随地都可以发生。

任何人心灵深处都存在着一个终极目标

每个人的心灵都努力想达到的一个共同目标——适应其自身所处的环境。

人类不断寻求进步，我们的心灵始终处于积极进取的状态。究其原因，阿德勒心理学认为：任何人的心灵深处都在不断地寻求安全感。换言之，每个人的心灵活动均指向一个终极目标，即适应其自身所处的环境，确保个体生命能够平稳顺利地发展下去。

心灵与外部环境之间存在着紧密的联系，心灵始终受到外部环境的约束。尽管心灵是一个整体，但是它是包含着诸多行动力的集合体，内部元素一直在发生变化，并会对那些环境限制做出回应，使自身免受外部环境的侵害。

心灵最显著的一个特点就是，所有表现形式均指向同一个目标，即努力想适应其自身所处的环境。这一目标根植于我们所有人的内心世界，每个人都会对环境做出适当的调整。换言之，目标是心灵活动的起点。

这种客观存在的法则，将"与社会为敌""拒绝与他人建立情感联系"之类的个例排除在外。对大多数人而言，有一个恒定的目标在牵引和推动，决定了心灵的现状和未来的发展。

从个体心理学的角度来说，人的全部行动之所以会指向同一个目标，是因为受到儿时成长环境的影响。在成长的过程中，年幼的我们会在环境的影响下形成明确的人生态度和独特的行为方式，进而塑造自身的世界观。

换言之，当一个人尚处于婴儿阶段，那些影响心灵的基本要素在其出生后的数月里就已经确定下来了，心灵的目标逐步形成。就算此时没有掌握语言，无法与人交流沟通，但是某些知觉正在发挥作用，婴儿感受到身上的愉悦和不适，自身意志被这些知觉反应唤醒，心灵活动正式开启。

早在婴儿时期，每个人就给自己制定了一个心灵目标。无论以后会受到何种影响，成年后的生活方式和童年时的生活方式是一脉相承的。

当对人性有足够多的了解后，我们可以根据一个人的诸多行为来反推隐含在他背后的目标。不过这样做的难度很大，因为一种行为往往代表多种含义。阿德勒给出的解决方案是：找出两种与此人当前态度紧密联系的行为，依据时间差异，将两者连点成线。借助这种方法，可以对他的心灵目标获得直观性的认识。

苏珊·福沃德在《原生家庭》中讲述过一个真实案例。

一名叫乔的 27 岁男子，正在攻读心理学硕士学位。他有一种莫名其妙的恐惧感，总是害怕有什么不好的事情会发生。这种想法令他非常没自信，每天活得像惊弓之鸟，继而产生自我厌恶，没办法和别人保持亲密关系。

无论他从家里搬出来，还是选择结婚，这种恐惧感都不曾消失。他始终无法信任别人，对所有人做最坏的设想，他总感觉有一天会被亲近的人伤害，甚至被虐待。在与人接触的过程中，倘若发现自己迷恋上了对方，他就会采取一种冷淡的态度，把好不容易建立起的良好关系破坏殆尽。

乔为自己的心灵穿上了一层厚厚的铠甲，不允许任何人靠近。为此，他搞砸了好几段感情，两次婚姻也以失败告终。生活的恐惧时刻围绕着他，这让他觉得自己很没用，可是却摆脱不了这种困境。

为了克服这种恐惧感，他不断接受心理治疗，自己也进修了心理学课程。他渴望回归正常人的生活。

苏珊·福沃德通过聊天，了解到一件与他当前状况有关的往事。乔表示，直到现在，他对童年的这段经历依旧记忆犹新——

他待在自己的房间里，父亲突然闯进来，劈头盖脸地骂了他一顿，还没等他反应过来，拳头就狠狠落了下来。乔害怕极了，缩到墙角。但是，父亲根本没打算放过他，直到把他打到失去意识才停手。

小时候，他在家里经常挨揍，最可怕的是，他根本不知道父亲何时会情绪爆发。对于打骂孩子的行为，他父亲辩解说："体罚是成长的必经之路，可以让孩子更坚强、更勇敢，也更强大。"

在叙述这件事的时候，乔的眼中充满了忧伤和愤怒。体罚没有让他变强大，反而在他幼小的心灵里留下了挥之不去的阴影。那个本应心疼他、照顾他的父亲，竟然这样对待他。那么当面对其他人时，他还敢抱有什么奢望？

当心理学家向他解释完现状和童年记忆之间的关联后，他这才恍然大悟，找到了自己的问题根源。事实证明，他的心灵目标是想保护自己免受伤害。但是，防卫过度，就变成了深深的束缚。

任何人于心灵深处都存在着一个终极目标，这个目标一方面决定了我们的所有行动，另一方面影响着我们对事物的认知能力。人只关注合乎自己目标的东西，从而限定了我们看待世界的角度，有人要宽广一些，有人要狭隘一些。简而言之，我们拥有怎样的心理认知能力，就会形成怎样的世界观。

我们只是利用情绪，并不是被情绪推动，受它支配

我们不是因为一时气昏了头而口出恶言，而是为了操纵、支配对方，想让对方遵从自己的意愿和期望，创造与利用了名为"愤怒"的情感。

婴儿时期由于不会说话，一切诉求都要靠"哭"来表达。肚子饿了会哭，尿床了会哭，身体不舒服也会哭。只要通过哭，婴儿就能得到他想要的一切。在成长的过程中，孩子逐渐学会利用情感来

支配大人，以达到自己的目的。由于孩子年幼，比较任性，大人不会跟他计较，所以这种伎俩一般都会奏效。

随着年龄的增长，小孩子终究会长大，如果不及时地转变思想，仍旧靠喜怒哀乐去操控别人，效果非但不会理想，还会让自己变成一个感情用事的人。久而久之，会让周围的人对自己敬而远之。

《红楼梦》中的林黛玉冰雪聪明、才貌出众，与贾宝玉十分投缘。虽然贾母很疼爱这个外孙女，但是她始终不认可林黛玉是做孙媳妇的最佳人选，因为她的情绪不稳定。林黛玉说好听点叫"真性情"，说白了就是"情绪化"。她眼里容不得沙子，脾气上来的时候，就出口伤人，会做出一些损人不利己的事。

有一次，周瑞家的仆人来送宫花，从梨香院出发到贾母的住处，沿路一直送花，恰巧最后一站是林黛玉。打开匣子，看到两支精巧的假花，林黛玉惊觉："是只送我一人，还是别的姑娘都有？"周瑞家的回答："各位都有了，这两支是姑娘的。"林黛玉当即阴着脸，回道："我就知道，别人不挑剩下的也不给我。"

林黛玉算是贾府的客人，按照当时的礼仪，周瑞家不应该把她放在最后。林黛玉感觉被人轻视了，根本不管事情的原委，就冲着送东西的奴仆发泄怒气。

还有一回，史湘云说唱小旦的戏子长得像林黛玉，贾宝玉怕林黛玉生气，猛给史湘云递眼色，希望她不要乱说。贾宝玉本是一番好意，史湘云更是有口无心，没想到一个"眼色"让林黛玉彻底误会了。林黛玉彻底打翻了醋坛子，当贾宝玉向她解释的时候，她从微嗔薄讥演变成雷霆震怒，讲话夹枪带棒，末了还补一刀，"我恼火她，关你什么事"。

林黛玉的坏脾气，不但容易得罪别人，而且气大伤身，最后害自己香消玉殒，令人唏嘘不已。

"我只是无法抑制怒火，才会说话没有分寸……"每当发完脾气，人们常用这句话为自己找理由。认为"发火"的一瞬间是由情感操控了行为，并不受自我控制，在不自觉中夸大了情感的作用。甚至出现一种"情感决定论"，认定我们是先有了某种情感，才导致了相应的行为。我们并非想出言不逊，而是因为刚好在气头上，完全受怒气支配而发生了不可抗力事件。

阿德勒却认为"我们不是因为一时气昏了头而口出恶言，而是为了操纵、支配对方，想让对方遵从自己的意愿和期望，创造跟利用了名为'愤怒'的情感"。人们是借由发火来震慑对方，把焦虑转移到对方身上，促使他人听自己的话，以达到控制对方的目的。

简单地说，人们是为了达到某种目的而利用情感，并不是被情感摆布做出了某种行为。当某件事打破了心理的平衡，人们自然会产生情绪。一般情况下，情绪的出现是为了操控对方，让对方顺从我们的意图。我们觉得讲道理太麻烦，所以想用更加快捷的方式，也就是通过"发怒"，让对方屈服。

我们常能见到这样的情景：一位父亲辅导儿子写作业，他讲题的时候，儿子有问有答，头头是道，轮到儿子自己做题的时候，提笔就乱写，脑子就跟灌了糨糊一样。父亲顿时就气不打一处来，对着儿子劈头盖脸一顿臭骂。这时，单位领导突然打来电话，父亲接起电话，便立马换成和善的语气。聊完工作，挂断电话，父亲又变回狮子吼，接着教训儿子。

由此可见，所谓的"怒气"不过是一种收放自如的手段。我们不是因某种情感而有了某种行动，而是先有了目的，然后捏造了这种情感作为借口。阿德勒反对操纵情感这种做法，我们不应该受情感支配，而要善用情感。

情感在一定程度上与理智相联系，每个人都有正确引导情感的能力。从现在起，做一个有自制力的人，正视每一次的情感表达，巧妙地化解情绪，掌控好自己的人生。

忠告 2
过去不会影响你，你对过去的反馈才会影响你

<hr>

你的不幸是自己选择的

现在的你之所以"不幸"，是因为你亲手选择了"不幸"。面对变化产生的"不安"与不变带来的"不满"，多数人会选择后者。

有的人很幸运，出生在富有的家庭，拥有和蔼的双亲；有的人却很不幸，家境贫寒，还要遭受父母的打骂。这是千姿百态的人生，有人天生幸运，有人天生不幸。

阿德勒却认为，人之所以不幸，是因为自己亲手选择了不幸，而不是天生不幸。

很多人会提出质疑：现实条件摆在那里，我拼命想"幸福"却

办不到，但是即便如此，我也不会愚蠢到主动选择"不幸"吧？这分明是诡辩！

阿德勒进一步解释：你认为"不幸"对自己而言，具有一定的"好处"，也就是说，你虽然对现实充满了抱怨，但是认为保持现状更加轻松、更加安心。

《原生家庭》中有一个酗酒家庭的案例：26岁的乔迪有一位嗜酒成性的父亲，她的童年充满了阴霾，醉酒的父亲会无缘无故地暴打她。她的母亲由于软弱无能，什么也做不了，只能眼睁睁地看着孩子挨打。但是乔迪表示，父亲不是恐怖的怪兽。不喝酒的时候，他们可以相处得很好，至今她仍怀念与父亲共度的那段美好时光。

尽管乔迪十分痛恨喝酒的男性，但是成年之后，她竟然找了一个酒鬼当男友。这真是让人大跌眼镜。她的酒鬼父亲给她带来多少痛苦，她应该比任何人都清楚才对呀！为何要重蹈覆辙，找一个与她父亲非常相似的男人？不喝酒的时候，男友待她很好，喝多了，便对她拳脚相加。乔迪深知自己的不幸，但是与男友分手一段时间，又会忍不住与对方和好，她悲哀地认定这就是"宿命"。

看到这里，大家会对乔迪的行为感到不解，她的不幸完全是自找的。只要离开这个酒鬼男友，生活就会出现转机。她为何迟迟不肯放手呢？为何她迈不出最关键的一步呢？

是呀，乔迪为何做不出"改变"呢？

乔迪的回答是，"我真的很想念那个笨蛋，他（男友）基本上算个好人"。她相信男友是爱她的，只是有时候她太啰唆，不小心惹恼了男友，他才动的手。

事实真是这样吗？

乔迪在与酗酒父亲的长期接触中，培养出了极高的忍受度。在常人看来，男友有暴力倾向，在他第一次动手时，这段关系就应该宣告结束。但是男友接二连三地动粗后，乔迪依旧选择不离不弃。从很小的时候开始，乔迪与酗酒父亲日常的相处模式就是这样：想得到短暂的美好时光，必须得忍受漫无边际的黑暗日子。

在现实生活中，像乔迪这样的人有很多，尤其是酗酒型或者虐待型父母的子女很可能会在自己的生活中重复原生家庭的悲剧。他们明知道只要重新选择，痛苦就会大大减少，却偏偏难以做出决定。或者说，他们内心根本就不想改变。

如果一直保持"现在的自己"，虽然这种日子充满了不幸与伤害，但是他们对现状十分熟悉，能够应对大部分问题，可谓"得心应手"。即使偶尔处理不好，还可以把"锅"甩给有过错的一方，他们作为"受害者"会受到外界的同情与关注。

一旦做出改变，他们不确定"崭新的自己"会遇到什么问题，又该如何解决。过去的经验完全没有参考价值，人与人之间正常的关系该如何维系，他们根本不懂！未来变得难以预测，内心充满了惶恐。面对变化产生的"不安"与不变带来的"不满"，相信多数人会选择后者，并自我安慰"这就是宿命"。

这就验证了阿德勒的观点：现在的你之所以"不幸"，是因为你亲手选择了"不幸"。阿德勒认为宿命论是人们逃避责任的一种借口而已，因为相信宿命论的人，就不必在正确的人生方向上努力，这种信念只是虚假的精神支柱。永远套在救生圈里的人，是不可能学会游泳的。

致力于研究阿德勒心理学的日本哲学家岸见一郎在《被讨厌的勇气》一书中写道："人无论在何时，也无论处于何种环境中都可以改变。你之所以无法改变，是因为你下了'不改变'的决心。"

如果你渴望拥有美好的人生，只有改变才能脱离"不幸"，改变是"揭伤疤"的过程，势必会让人产生焦虑和恐惧，一定会伴随痛苦，这是不可回避的部分。如果缺乏勇气，不敢去尝试，你永远无法得到幸福！

发生什么不重要，重要的是如何看待它们

人并不是受过去的"原因"驱动，而是按照现在的"目的"活着。

地震、暴雨、山洪等大规模灾害出现之后，由于当事人目睹或者遭受严重伤情、濒临死亡或真正死亡等威胁，容易出现"心理创伤"以及"创伤后应激障碍"。即使不懂心理学的人，对这些名词也不会感到陌生。除了遭受重大自然灾害，遭遇"有毒"的原生家庭，一样会让人感到受伤，产生焦虑、不安、抑郁、恐惧等一系列

精神障碍。毫无疑问，这会给当事人造成巨大的心理阴影。

在电影《唐山大地震》中，小女孩方登和弟弟被同一块坍塌的水泥板压住，救出一个，就意味着放弃另一个。关键时刻，重男轻女的方母为了保住方家唯一的香火，选择了救儿子。意识清醒的女儿听到了母亲的最后抉择，她还来不及哭喊，便被撬动的楼板碾压失去了知觉。震后，方母抱着女儿的"尸体"哭得声嘶力竭，口口声声说着"对不起"。

一场突如其来的大雨，让女儿获得了重生，但是地震却改变了一切。方登经历了父亲的惨死、母亲的抛弃，她的世界彻底崩溃了，一切都没了。她放弃了认亲，跟随军人养父母远走高飞。尽管养父母将她视如己出，但是长大后的方登仍是"问题"不断：疏远养父母、未婚先孕、辍学出走、远嫁国外……不管过去多久，地震带来的创伤，以及方母那句"救弟弟"始终萦绕在她的耳边，成为她永远摆脱不了的噩梦。方登总有一种"我不重要""没人要我"的感觉。

心理学大师、精神分析学说的奠基人弗洛伊德主张"一切结果皆有原因"，他认为，一个人之所以变成现在的样子，是因为受到了过去经历的影响，尤其是童年所受的心理创伤，会变成潜意识，决定着人生走向。即现在的结果是由过去的原因所决定的，这就是著名的"原因论"。

1899年，阿德勒收到弗洛伊德的邀请，加入了"精神分析学会"，成为弗洛伊德非常器重的后继者。然而，两人共事不久，观点逐渐产生分歧，最终分道扬镳。阿德勒将精神分析由生物学定向的本我转向由社会文化定向的自我心理学，并创立了个体心理学。

在阿德勒的学说里，所谓不幸的现状，并不是过去经历的产物，而是个体出于某种"目的"主动选择的。阿德勒和弗洛伊德观点相对立，他考虑的不是过去的"原因"，而是现在的"目的"。同时，他否定心理创伤，认为"不幸的童年"只是一种借口。

事实上，经历本身不会决定什么，我们会从经历中发现符合自己"目的"的因素。我们给过去经历赋予什么样的意义，将直接影响我们的生活。阿德勒希望人们不要深陷于过去的情感沼泽，而形成受害者心理，忘记了自己具有主观能动性。决定命运的不是"经验本身"而是"赋予经验的意义"，我们对过往经验的解读，是可以改变的。

"原因论"和"目的论"的区别究竟在哪里呢？

《唐山大地震》中的方登小时候经历了地震创伤，以及生母的抛弃，才导致安全感缺失，无法信任别人。这些"原因"造成了方登性格孤僻，与外界交往困难重重，以至于对养父母漠不关心，两年没有回家，直到养母生命垂危，养父亲自找上了门。方登在校期间意外怀孕，执意要生下孩子，学长不同意，她就退学了。方登多年不与养父联系，直到快结婚了，才带着女儿匆匆见了一面，便远嫁海外。

从"原因论"的角度看：因为在地震过程中方登被无情地抛弃，所以她不懂爱，严重的心理创伤让她情感淡薄，行为异于常人，继而简单地得出结论"错不在她"。"原因论"就像一张诊断书，把一切归咎到过去的经历上，给出了病因，却没给出治疗方案。

从"目的论"角度看：方登的"目的"是避免在人际交往中受伤，她实在太害怕被人嫌弃，被人辜负了。为了达成这个目的，她不惜先下手为强，每次在别人还没抛弃她的时候，先选择了"放弃"。同一剧目轮番上演，她从不去认亲；男友不同意生孩子，她就一声不响地退了学；养母忌讳她年轻漂亮，她就去外地读大学远离养父母，甚至故意疏远养父……

只要维持自己"孤僻"的形象，就可以少受伤。万一哪天遭人抛弃，还可以自我安慰：因为我性格孤僻，不讨人喜欢，所以他们才会远离我。"目的论"指明了前进的方向，只要你愿意改变"目的"，你就能改变自己的人生。

三十二年后，方登与弟弟意外重逢。从弟弟口中得知方母当年的抉择下得有多艰难，她回到家，与自责多年的母亲抱头痛哭，冰释前嫌。方登对往事重新定义，原来"自己从未被抛弃"。她自愈了，人生将彻底改写。

阿德勒说心理创伤不存在，并非全盘否认重大灾害或者早期受虐经历对性格的影响。他要说的重点是：大多数人可以重新站起来，回到学校，回归职场，融入到正常的生活中。无论之前发生过什么，今后的人生都是你自己选择的，如何看待过去的经历，赋予它们何种意义，直接决定了现在的生活。

所有"我做不到"的说辞，其实只是"不想做"罢了

你之所以做不到，是压根就不想去做。尽力做好自己能做的事，转机就会在你意想不到的时候发生。

电影《后会无期》里面有一句台词，"听过很多道理，依然过不好这一生"，这句话戳中了当下多少年轻人的"痛点"。理想很"丰满"，现实太"打脸"。经常有人抱怨"道理我都懂，但是真心做不到""我知道我应该努力，可是坚持不下去呀""明白是一回事，行动又是另外一回事"。思想上大家都是巨人，可是落实到具体的行动上，人人又成了矮子。

阿德勒认为，所有"我做不到"的说辞，其实只是"不想做"罢了。人出于趋利避害的自我保护心理，会选择对自己最有利的结果。当他们说"我都知道，但就是做不到"时，心情会放松许多，无形中获得一种解脱。这类人想要传达这种思想：我很想改变，我也曾努力去做，可惜难度太大，我做不到。他们表面看上去挺无辜——"这不是我的错"，实际上是不负责——"我终于可以不用做了"。

在职场中，领导突然安排你去处理一件棘手的工作，假如你手头的资料非常有限，你的第一反应通常是"这太难了，我做不到"，言外之意是：不是我军无能，而是敌军太强大。把责任推到难度系数上，从而逃避问题。换作另一位资深员工来处理，他会主动寻找

解决方案，想办法获取该项目的详细资料。尽管有困难，但是他能够克服。

由此可见，这项工作并不是难于上青天。你之所以做不到，是压根就不想去做，才寻找各种理由和借口为自己的不作为"洗白"。推脱责任，或许让人倍感轻松，而承担责任，则让人获得价值感。事实上，成大事者和平庸者的最大区别就在于，遇到困难时如何抉择，是寻求解决还是选择放弃。一个人只有敢于接受挑战，并在困局中突出重围，才能鹰击长空，实现自己的人生目标。

为何很多年轻人拥有雄心壮志，到头来却一事无成？答案是想得太多，做得太少。阿德勒给出的建议是："尽力做好自己能做的事，事情就会在你想不到的时候发生改变。"没有能力，可以培养，没有资源，可以慢慢积累，只要思想不滑坡，办法总比困难多。

阿德勒虽然以优异的成绩考入了维也纳医学院，最终获得了医学博士学位，但是他早期的求学过程并不顺遂。阿德勒于1879年就读于施佩尔文理中学，同样，这里也是弗洛伊德的母校。学校规定满10岁才能入学，阿德勒的父母谎报年龄，让9岁的阿德勒进入了中学。

由于不适应校园生活，加上小一岁的缘故，阿德勒的成绩很差，尤其是数学，他完全搞不懂。他第一年就留级了，同学们都瞧不起他，老师认为他天赋极差，甚至建议家长，让阿德勒去当制鞋工匠的学徒。

所幸父亲没有听从老师的建议，他不想给阿德勒太大压力，安慰了儿子一番。或许是父亲的不断鼓励，又或许是老师的话太难听，阿德勒下定决心开始刻苦学习。他的学习成绩很快就有了提升，连数学都变得得心应手了。就连难住老师的题目，阿德勒也能算出答案。从此之后，阿德勒信心倍增，对数学产生了浓厚的兴趣，并通过各种机会不断提升自己的数学能力。

通过这次的自身经验，阿德勒相信，想要达成目标，解决问题，努力和付出是前提条件，只要不是异想天开的事，都有实现的可能。他以自己的案例，反对夸大遗传的影响力，反对给孩子下定义，设定个人局限。阿德勒曾经引用古罗马诗人维吉尔的名言："他们之所以做得到，就因为他们认为自己能够做到。"

法国文豪罗曼·罗兰在《约翰·克利斯朵夫》一书写道："真正的光明绝不是永没有黑暗的时间，只是永不被黑暗所掩蔽罢了……所以，在你要战胜外来的敌人之前，先得战胜你内在的敌人……"

在此，我想说，任何人都有脆弱的时候，当"我做不到"的念头一出现，就会拼命找理由为其正当化。但是，当成功人士遇到困难时，从来不会逃避也不会放弃，他们习惯说"我要尝试"。只有当你下定决心，拼尽全力地去做一件事时，才能领略到潜力释放和智慧碰撞所带来的淋漓酣畅感。至于结果，必定与目标相差无几。

你的人生不取决于过去，而是取决于"当下"

若一味地沉浸在过去的回忆中，那么，今天的时间就是昨天的重复及延长。我们应该着眼当下，不要被过去的成败束缚住手脚。

每一个生命都是从出生奔向死亡，时间随着日子的流逝越来越少。摆在每个人面前的只有昨天、今天和明天，昨天好比过期的支票，明天好比远期汇票，今天才是现金。只有善于利用好现在的一分一秒，才能拉近你与成功的距离。

可是，人总是很容易沉湎于过去，纠结过去的成败，各种钻牛角尖。尤其是当一个人遭遇挫折身陷低谷时，更异常怀旧，喜欢把陈年旧事一件件翻出来，仔细分析，究竟是什么原因，导致了今天的不幸。

这好比一个病人摔断了腿，此刻无法前行，医生不做治疗，却一个劲地分析：是别人故意推的，还是他自己不小心摔倒的。显然，对摔断腿的原因做再细致的深入调查，也不会改善断腿的现状，更不会有治愈的可能。这种企图靠查明原因，来解决走路问题的思路，属于弗洛伊德的"原因论"。要想改变这个原因，除非搭乘时光机穿越到过去。这明显行不通。

如果想摆脱断腿的现状，回忆过去是让人更坚定地修正未来的道路，而不是在悔恨、抱怨中度过当下的日子。过去的事情已经成为定局，成为无法改变的事实，唯一能做的是思考接下来该怎么做。

阿德勒告诫我们要立足当下，眼光要看向未来，不要为过去的成败束缚住手脚。昨天是回不去的曾经，今天和明天才是充满未知的以后。若一味地沉浸在过去的回忆中，那么今天的时间就是昨天的重复和延长。在无形中，我们会错过很多美好的东西，让"今天"又成当一个没有意义的"昨天"。

印度的泰戈尔曾说过："当你为错过太阳而哭泣的时候，你也要再错过群星了。"虽然我们不能改变过去，却能通过丰富现在，从而改变未来。要想改善断腿的处境，走出自己的一片天地，需要有选择新生活方式的勇气，并为此而采取行动。

阿德勒的"目的论"立足于"人可以改变"。不管过去有着怎样的经历，其本身都不足以构成"成功"或"失败"的原因，关键在于你是否愿意改变与世界沟通的方式，是否愿意改变自己的行为模式。摒弃原有的生活方式。你依旧是你，只是换了一种活法。

正德年间，太监横行无忌，无数贤臣忠良惨死厂卫刀下。王阳明看不惯大太监刘瑾的骄横跋扈，上书议政，直接得罪了刘瑾，被贬至贵州龙场。

刘瑾生性残忍，为杜绝后患，他决定斩草除根。王阳明被锦衣卫追杀的时候，伪装成跳水自尽，这才躲过一劫。

劫后余生的王阳明毅然踏上路途，前往贵州龙场赴任。当时的龙场不但自然条件恶劣，而且当地的苗人根本听不懂汉语，无法交流。王阳明没有气馁，把这当成是"上天"对他的考验，自食其力解决吃住，并教授当地人汉语。

此时的王阳明仕途黯淡，甚至连性命都岌岌可危。在人生最窘迫的时期，他潜心研习经典，以独到的眼光去看待经书典籍中的心学思想，有了一种更深层的领悟和升华。他意识到"圣人之道，吾性自足，向之求理于事物者误也"，人们将他这一时期的顿悟称为"龙场悟道"。

作为明代心学的集大成者，王明阳最重要的顿悟是在这场磨难中产生的。

尘烟往事，王阳明深知：人生没有绝路，没有什么比活在当下更重要了。

然而，北宋时期的大将军狄青，同样受到党派之争的迫害，被贬陈州，结果在第二年就去世了，死因是"疽发髭"，用今天的话来说就是"抑郁"而终。想必这位忠心耿耿为国效力的大将军蒙受了不白之冤，心中愤愤不平，陷在过去出不来，不肯换个思路活在当下，才导致壮年殒命。

阿德勒心理学的主旨在于：挣脱来自"过去"的束缚。任何人的人生都不取决于过去，不要从过去的事件中寻找原因，人能把握的只有今天。接下来该坚定目标，一路向前。过好当下，才能活出潇洒，当下努力，才能收获未来。

忠告 3
自卑能成为让自己变得更好的原动力

即使看起来非常优秀的人，心里也会感到自卑

自卑感并不是弱势群体特有的产物，即便是一些成功人士，只要内心还有目标需要实现，就会有自卑感。

在网上看见一个帖子：为何优秀的人也会感到自卑？

在大家普遍的认知里，只有能力较弱，不够优秀的人，才会感到自卑，而能力出众的人，他们作为成功的典范，是他人学习的榜样和崇拜的对象，内心应当满怀自信，怎么会感到自卑呢？

然而，事实并非如此。真正优秀的人会像麦穗一样沉下头来，带着些许自卑。

有一位事业成功，知名度特别高的女主持人曾说自己有强烈的

自卑感。

在一次访谈中，她提到了原生家庭。她有一位相当严苛的父亲。童年时期，她就像滚轮上的小仓鼠，为了满足父亲的各种期待，只能不停地奔跑。即便长大成人，她对自己也充满了质疑，"如果我跟别人差不多，或者只比别人强一点，我就会觉得自己不行"，所以她必须与别人拉开差距，取得巨大的成功。只有这样，才能弥补内心的自卑。

在一些名家访谈类节目中，我们会惊讶地发现，即使是明星大腕、社会精英，甚至是奥运冠军等成功人士，也或多或少地受到自卑感的困扰。

人本主义心理学家阿德勒认为，自卑感并不是弱势群体特有的，而是人人都具备的一种心理状态，只是每个人自卑的深浅程度不一样罢了。

那么，自卑感到底是如何产生的呢？

阿德勒为了解释这个问题，提出了另外一个概念，叫"追求优越性"。可以简单地理解为"谋求进步"，或者是"改善处境"。

从自然界的生存能力来看，人类远不如动物强大。非洲角马通常在出生后几分钟内，便可以自行走动。否则，它根本无法躲避狮子、猎豹等捕食者的威胁。然而，人类从出生到独立行走却需要一段漫长的时光。

婴儿以一种无力的状态活在这个世界上，他努力想摆脱眼前的处境，于是才有了"进步"的欲望。婴儿学会了翻身，接着学会了爬行，慢慢尝试站立，继而到了蹒跚学步的阶段。但是，他并不会满足，他要学会走，学会跑，学会跳，还要学习语言，与周围的人沟通⋯⋯

人在追求进步的过程中，会树立一些理想或者目标。如果他们的理想或者目标被他人率先完成，自卑感就会在这个时候产生。阿德勒进一步阐释，自卑感是每个人在追求更加卓越的地位和完美的人生过程中，必然出现的心理反应。

即便是一些看起来非常优秀的人，只要心中还有目标要实现，他们就会产生自卑感。没有人会觉得自己完美无缺，"有待改善"的想法始终存在，故而自卑感如影相随。

在阿德勒看来，"自卑感"是一个中性词，它的存在并不是什么坏事。从某些方面来说，自卑感对成长有一定的促进意义。它可以修正人们对自身的错误认识，加快对自身缺点的弥补，突破现状，不断进步。人类正因为不断"追求优越性"，不但适应环境的能力得到了大幅提升，而且还取得了科学技术的长足发展。

德国著名哲学家尼采自幼性情孤僻，多愁善感，羸弱的身体让他看起来弱不禁风，成为伙伴们嘲笑的对象，因此，他总有一种自卑感。年轻的时候，他向荷兰籍女子求婚却遭到了拒绝，这使他更加自卑。因此，他创作出"权力意志"这种强有力的人生哲学，用来弥补灵魂深处的自卑。

《增广贤文》里说："若登高，必自卑，若涉远，必自迩。"自卑的人往往拥有更加强大的崛起力量，他们的爆发力量更加惊人。所以，不要把"自卑感"看作是一件糟糕的事情，只要我们正视它，正确地利用它，就能够走出自卑的阴影。

不要让"自卑感"发展为"自卑情结"

一定程度的自卑感是正常且有利于人寻求进步的。但如果过度自卑，持续自卑，严重否定自我价值，把自卑感当作是不努力的借口，让自己的人生处处受限，这就成了自卑情结。

阿德勒是史上第一个提出"自卑感"概念的人。在德语中，自卑感等同于劣等感，是一个关于自我价值判断的词语，给人"没有价值"或者"价值不多"的感觉。甚至不需要客观因素作为支撑，只要在心理上认为自己"不如人"，自卑感就会产生。它并非"客观事实"，而是"主观臆造"。

有些人缺乏自信，自我评价较低，这与家庭教育、文化背景以及传统观念有关。当孩子取得了不错的成绩，兴高采烈地把成绩单拿回家的时候，父母却泼了一盆冷水，说别人家的孩子比你考的分高，人家更优秀。孩子的积极性在父母的批评教育下会不断遭受打击。

这类人长大以后，内化了父母对自己的评价，内心变得自卑起来。有的人甚至认为自己不值得被人赞美和肯定。比如，他们会弹琴，会唱歌，考试成绩优异，考上了知名大学，你夸他们厉害，他们浑身上下都感到别扭。他们不是谦虚，也不是故作清高，是打心底里觉得自己的成就不值一提，根本配不上别人的称赞。无论是在与他人的竞争中，产生"弱势"或"落差"的感受，还是在与"理想的自己"做对比时，得出"能力不足"或"无法实现"的结论，其间产生的"比不上"的感觉都令人沮丧，往往导致自我评价过低。

阿德勒认为，每个人都有不同程度的自卑感，这是一种普遍的心理现象。你可以把它作为改善的动力勇敢直前，也可以当作懒惰的理由畏缩不前，这取决于你如何看待它。它能让胆小的懦夫逃避人生从而一败涂地，也能让有意志的强者功成名就，走上人生巅峰。

有些人的自卑，从他的言谈举止中就能感受到。然而，另一些人的自卑要隐秘得多，表面上不易察觉。他们以自卑为动因，发愤图强，从而弥补自己的弱点，把自卑感及时转化为成长路上的助推剂，成为有作为的人物。

但是，如果一个人过度自卑，持续自卑，严重否定自我价值，无法面对生活难题，人生发展处处受限，却又不愿付出努力改变现状，时间久了，就会演变成不利于身心健康的"自卑情结"。

弗洛伊德提出的"俄狄浦斯情结"又称"恋母情结"，是精神分析的术语，其中"情结"一词带有很强的反常意味。同理，"自卑情结"不同于"自卑感"，其严重程度更甚。怀有"自卑情结"的人无法寻求正确的途径弥补自身的不足，他们缺乏向前迈进的勇气，总把自卑当作一种借口，什么都不做就断定自己不行或是现实无法改变。

"自卑情结"会导致一个难以逃脱的恶性循环，个体为了避免"比较"的场景，常回避他人，最终变得孤僻自私，凡事以自我为中心。

香港电影《男人不可以穷》中的薛可正就是个带有"自卑情结"

的人物。面对失业、失恋的双重打击，他没有从自身找原因，却把一切责任归结于自己穷。他在炒黄金的过程中，疯狂敛财，以为钱可以解决一切。在经历了一系列的人生变故之后，他幡然醒悟，所有的不幸根本不是"钱"惹的祸！比起物质的匮乏，深入骨髓的自卑给生活带来了更多磨难。

在意志消沉的人身上，自卑成为前行路上的绊脚石，严重时会引发"自卑情结"。他们将原本没有任何因果关系的事情联系到一起，将人生的失败推到不相干的外界，不会在改变自己这件事上付出努力。这就是为什么有些自卑的人会越来越好，而有些人却越来越差。在意志坚定的人眼中，自卑是奋斗原动力，能让生命趋于完美。因此，如何看待自卑变得至关重要。

优越情结是自卑情结的产物

努力让自己看起来很强，刻意表现得比别人优秀的人，其实内心都有着深深的自卑感。

阿德勒说人人都有自卑感。如果自卑感限制了人生发展，朝着无用的方向延伸，形成一种变态心理，就成了"自卑情结"。

然而，没有人能忍受长时间地活在自卑的阴影之下，当无法通过努力或成长之类的健全手段摆脱自卑感时，有些人会在他人面前强调并不存在的优越感，这称为"优越情结"。深陷在优越情结中，也会限制人生发展，妨碍前进的脚步。

即使资质平庸的人，也渴望获得优越感。他们接受不了"无能的自己"，会找一些冠冕堂皇的理由为自己辩白，"如果不是因为我懒得读书，现在早就过上体面的生活了"。他们对自身的评价过高，认为自己足够优秀，只要当初做了某件事，现在一定可以有所作为。

明明是他们缺乏勇气，一遇到困难只会逃避。通过不断逃避，他们混得越来越差，反而通过虚构的人设，认为自己比实际上更强壮，更聪明，继而沉迷在一种虚假的优越感之中。

优越情结是为了掩饰自卑情结而产生的。努力让自己看起来很强，刻意表现得比别人优秀的人，其实内心都有着深深的自卑感。那些拼命伪装自己很强的人，往往是为了得到他人的认同。如果处理不当，很可能会陷入虚荣、做作和造假的无尽深渊。

韩国电影《谎言》中的女主角雅英一身名牌，刚一出场就在高档小区买房。售楼小姐卖力地介绍，雅英随便逛了逛表示满意，准备签合同。售楼小姐喜笑颜开，拿出合同准备签订，雅英却突然说身体不舒服，想要改天再签。售楼小姐没有多想，笑着同意了。毕竟这样豪爽的有钱人，不会轻易变卦的。

一转眼，雅英来到商场挑选电视，她挑了一台最新最贵的电视。付款的时候，故技重施，找借口溜掉了。紧接着，她又到进口车行挑选豪车，恰巧被路过的同事看见。雅英脸上没有一丝慌忙，反而多了一份倨傲，同样在签单之际，来了个金蝉脱壳。

回到美容院，雅英换上了工装。事实上，她只是一家美容院的技工，拿着低廉的薪水，根本不是豪横的阔太太。父亲外逃躲债，母亲离婚改嫁，姐姐酗酒成性，弟弟游手好闲，这就是雅英的真实家庭。她极度自卑，既无力改变摇摇欲坠的现状，又难以接受现实的残酷与不堪，因此，她沉浸在谎言带来的优越感中无法自拔，享受着做"有钱人"的乐趣。

可是，谎言就像气球一样，看上去很完美，但是哪怕是针尖麦芒大的刺伤，它都经受不住。当谎言被拆穿的那一刻，雅英被打回了原形，她丢掉了工作，痛失了爱情，独自待在那栋她还没签单的豪宅里痛哭流涕。这个电影还有另一个译名《心虚有荣》，更贴近于剧情。

同样苦于强烈的自卑感，有些人会通过加倍努力来证明自己，哪怕是只取得了很小的成绩，也能抵御自卑带来的羞耻感。而另外一些人则选择用更加简便的方法来进行补偿，即虚假的优越感。用外表呈现的强大来掩盖内心的弱小，通过吹嘘、权势张扬等手段呈现优势，这都是"优越情结"的表现。

例如通过虚报履历或者虚构身份，借助权势来抬高自己的身价，彰显自己的出类拔萃；像雅英一样凭借谎言塑造有钱人的形象，让他人投来艳羡的目光；或者过度追逐奢侈品，让原本并不优秀的自己，通过外在的一番修饰，显得与众不同；等等。甚至有的人特别节俭，连买菜的钱都要精打细算，结果却一掷千金，买了一件平时根本不会穿的貂皮大衣。与其说他们是爱慕虚荣，倒不如说是自卑感作祟。

还有一些人张嘴闭口只谈论过去取得的辉煌业绩，总是沉湎于曾经的成绩，这也是一种优越情结的表现。这类人不是因为真的优秀才骄傲的，而是特意自吹自擂，凸显自己的优越感。阿德勒明确指出："如果有人骄傲自大，那一定是因为他有自卑感。"反之，真正拥有自信的人就不会自大。

张嘉佳曾说过："只有弱者才会逞强，只有强者才懂示弱。刻薄是因为底子薄，尖酸是因为心里酸。"

正因为他们有自卑情结，无法踏实地付出努力，但是却一直期待自己从事重要的工作，享受好的待遇，受到他人的重视，于是，他们没来由地炫耀自己很优秀，用白日梦弥补内心的自卑，并以此来获得周围人的认可。这完全是一种优越情结。"自卑情结"和"优越情结"从名称上来看似乎正好相反，但实际上却存在着因果联系。

"我"的价值由自己来确定

不论是优越情结，还是自卑情结，都不会对生命产生真正的积极作用。只有感受到"我"是有价值的，一切努力是为了追求有用的东西，我们的价值观才不会产生偏差。

我们知道，优越情结是自卑情结的产物。"自卑"和"优越"后面都加了"情结"一词，代表这是一种病态的心理，用来描述强烈的自卑感和过剩的优越感。两种情结虽然看似相互矛盾，但是一个人身上很可能同时具备这两种情结。

不必惊讶，在优越情结形成的时候，其背后必然隐藏着不为人知的自卑情结。每个人都渴望变成特别的存在，保持自己独一无二的位置。然而，人们如果没有认识到其整体价值在于对他人的贡献，就会踏上歧途。不论优越情结，还是自卑情结，永远都不会出现在生命的有益面向上。

阿德勒曾接待过一位患者，是一位年轻的女性，我们暂且称呼她为小美，她还有个姐姐叫大美。姐姐大美不但长得漂亮，而且能力出众，因此深受大家爱戴。面对优秀的姐姐，小美自惭形秽，饱受自卑煎熬。她开始学音乐，梦想成为一名音乐家，与姐姐一较高下。

可是，小美的心里总惦记着姐姐比自己更受欢迎，更受宠爱，由此产生的自卑情结也让她时刻处于紧绷状态，害得她无心练习，学钢琴草草收尾。之后，她还学习过缝纫，同样也是三分钟热度，很难全身心地投入。参加工作之后，小美的态度一样犹犹豫豫，导致什么都做不好，个人能力越变越弱。因此，她变得郁郁寡欢，对他人和工作都失去了兴趣。

小美 20 岁时，姐姐大美步入了婚姻殿堂，与一位优质男性喜结连理，婚后琴瑟和鸣。相形失色的小美心中再次燃起斗志，她也开始物色合适的人选。但是在寻爱的路上，小美依旧踌躇不前，就这样挑三拣四，眼瞅着就成了大龄女青年。

30 岁的时候，小美相中了一位患有肺结核的男子，在父母的坚决反对下，这门婚事只得作罢。31 岁，小美与大她 35 岁的男人结婚了。显然，这种老少配根本不是理想的婚姻。小美在这桩婚姻中找不到优越感，故而寻求其他的慰藉。

小美声称，她跟神灵一样，拥有让别人下地狱的神奇力量。当然，她也有能力与义务去拯救那些被自己打入地狱的人。虽然这种想法荒诞不经，但是小美深信她已经超越了姐姐。因为这股"神力"，小美变得爱抱怨，抱怨自己为何如此"另类"，就像有钱人埋怨钱多到花不完一样。借着这种虚假的诉苦，小美变得快乐无比。

这股"神力"可视为一种优越情结，小美一直想比姐姐更优秀，通过幻想遂了她的心愿。从中我们可以看出，她的自卑情结已转换成优越情结，而且表现得非常明显。人在脆弱的时候，就会丧失对社会的兴趣，不想付出任何代价，转而追求个人认定的优越，并以此来解决生活中的大小问题。可是这样一来，人们就会坠入深渊，离健全、有益的生命面向越来越远。

事实上，阿德勒认为减轻患者的自卑感至关重要。虽然自卑感无法根除，但是，我们可以通过改变患者的目标，向他证明他低估了自己，借此减轻他的自卑感。每个人都在努力地想变得更重要，但是，如果人们没有认识到其整体价值在于对他人的贡献，在追求优越的同时也要对社会产生兴趣，那么我们还是无法迈向有益的人生面向。

让他人来决定"我"的价值，这是依存，而"我"的价值由自己来确定，这叫"自立"。决定自身价值的不是别人，而是你自己！自卑感会驱使我们制定目标，采取行动。目标一旦建立，人们便会开启自我管理模式，集中精力做好目前需要做的事，培养事业心、责任心，最大程度发挥自己的潜能。为了实现目标，我们会不断地改变自我，逐渐形成一种社会使命感和责任感，并在实践中建立自信。

　　即使努力过后，成不了万众瞩目的焦点，即使不够优秀，也依然有你存在的理由。要敢于接受平凡的自己，要有做"普通人"的觉悟。不要一味地与他人比较，盲目地突出"与众不同"，这样是无法树立自信的。只有从"保持自我"中寻求价值，放下处处比较的视角，打消追求完美的念头，才能感受到"我"是有价值的。

忠告 4
如果总是在意别人对自己的看法，自己的人生就会失去方向

自由就是不再寻求认可

日子是自己的，他人的批评也好，恭维也罢，皆是过眼云烟。太在意别人的视线和评价，你失去的将是宝贵的自由和真实的自我。

在网上看见一篇文章，里面说，太在意别人看法的人，活得实在是太累了！

作者小五作为应届毕业生，有幸进入上海一家大型互联网公司做客服。刚入职的时候，老同事对他十分友好，领导对他也关爱有加，这让小五充满了干劲，很快适应了快节奏的职场生活。然而有一天，部门经理找他喝茶。经理说，据老同事反映，小五为人高冷，

孤芳自赏，我们这个行业讲究团队合作，年轻人得学习融入集体。

小五吃了一惊，他哪里有孤傲不群？只是平时工作太忙了，顾不上和同事聊天罢了。没想到被人误会了，他可不想把办公室气氛搞僵，便将经理的话谨记在心。接下来的日子里，不管同事们闲聊什么，他都主动上去搭话。

没想到，一个月后，部门经理又来找小五喝茶。这次气氛明显严肃很多，原来有老同事跑去告状，说小五是个话痨，逢人就东拉西扯，导致工作时间被占用，晚上还得加班赶工。作为成年人，希望小五注意一下。

小五的脸色青一阵，红一阵，满腹委屈无处诉说。他承认待人是热情了一些，和老同事说话是多了一点。但是，他绝对没有耽误大家的时间，当时他们不也聊得不亦乐乎吗？怎么转身就添油加醋，跑去告状了呢？那一刻，他感到身心俱疲。

那段时间，小五过得无比焦虑。一开始，大家嫌他高冷，他改变了，主动套近乎。结果第二个月，大家又开始嫌他啰唆，影响工作，难道他还得继续改变，才能得到大家的认可？他知道，在别人的质疑或是建议中，不断改变，一再妥协，只能让人失去自我。但是把这件事搁置不管，他又没办法安心工作。因此，小五对自己能否胜任这份工作，能否在这家大公司待下去产生了怀疑。

阿德勒说："太在意别人的眼光和评价，才会不断寻求别人的认可。对认可的追求，才扼杀了自由。由于不想被任何人讨厌，才选择了不自由的生活方式。换言之，自由就是不再寻求认可。"

我们明明知道，太在意别人的看法，会让自己活得很累，为什么我们还那么在意别人的看法呢？

究其根本，是对自我价值的迷茫。《身份的焦虑》一书中提到："人类对自身价值的判断，有一种与生俱来的不确定性，我们对自己的认识，很大程度上取决于他人对我们的看法。"书中认为，我们都生活在各种"羁绊"之中，人际关系剪不断，理还乱，只有通过别人的"认可"，才能强化自身的价值。

但是，阿德勒提出相反的观点，否定寻求他人的认可。

过分在意别人的视线和评价，总是渴望得到别人的认可和赞美，其实就是在束缚自己，努力地去迎合别人。如果所有人都觉得你说得对，都能理解你，那你得多平庸啊！更何况，这个世界最多的情形是，不管你说什么做什么，总有人会发出相反的声音。当你的身心已被束缚，永远在意别人说什么时，又怎么能享受自由，愉快地生活呢？

最后的结果是，把自己活活累死。而那时的你，失去的将是自由和自我。

前面故事里的小五痛定思痛，决定做自己，按自己的工作习惯来做事，不去理会别人的议论。久而久之，同事们也不再刻意关注他了，也没人在背后议论和告状了。工作之余，大家也会闲聊几句。出门聚餐的时候，如果话题不投机，小五干脆左耳进右耳出。他呼吸着职场上久违的自由空气，再也不用刻意逢迎谁了。

正所谓人生苦短，成天想着别人会怎么看，别人会如何评价我，那是给自己添堵。也许有人会对你说：一个女生在外面闯荡什么？你都 30 岁了，还挑什么挑，不怕嫁不出去？你读了那么多书，最后还不是结婚生娃？这种人跟你的价值观完全不同，却对你的行为说三道四，面对这样的评价，你根本没必要在意。

日子是自己的，与他人无关。批评也好，恭维也罢，皆是过眼云烟。没有人能诋毁你的价值，更没有人能更改你的人生。不要太在意别人的评价，也无须寻求别人的认可，我们做不到让所有人都喜欢。拥有被讨厌的勇气，才能活出真实的自我。

不要活在别人的期待中

我们活着不是为了满足别人的期待，而是活给自己看的。取悦自己，是终生的修行。

30 岁以后，我们身上的担子变重了，需要顾及很多人的感受。

在父母面前，我们成了家里的顶梁柱，得担负起赡养他们的义务，成为他们最结实的依靠。在老板面前，我们要做一个情绪稳定的员工，加班加点，任劳任怨，用时间和精力换取更多的收入。在伴侣面前，我们得做个忠诚可靠的丈夫，或者温柔贤惠的妻子，把孩子照顾得无微不至，把家打理得井井有条。在朋友面前，我们得做个识大体、知进退的成年人。就算面对陌生人，我们也要保持礼貌热情的笑容，尽量活成让周围人满意的模样。

不知何时，我们一身的锐气，被世间的人情世故渐渐给磨平了。做着所谓稳定但是压根不喜欢的工作，说着言不由衷但是别人听了会高兴的话，过着外表体面但是绝对称不上有品质的生活。很多时候，我们活得不开心，不自在，并不是生活本身出了问题，而是我们凡事都替别人着想，不停地满足别人的期待，做了太多别人会喜欢的事，却唯独忘记取悦自己。

阿德勒曾说过："一个人过于在意他人的感觉，或许能够赢得外界的欢迎，但是假装或者勉强自己来讨好别人，他的人生就会失去方向，活在别人的期待中，会给人无法信任的感觉。"当一个人的目标演变成"满足某人的期待"时，你很难获得真正的幸福。因为人的欲望是无止境的，欲望会一个接着一个冒出来。当你满足了一个，对方又会萌生第二个、第三个……你一味地在意别人的目光和评价，只能硬着头皮继续往前冲。这样的你只是别人生命的附庸，再也找不到属于自己的人生方向。

有一类人常常搞不清楚自己的价值，认为只有牺牲自己，去讨好所有人，使别人满意，才能证明他们是有价值的。这种低到尘埃里的姿态，未必会开出幸福的花儿。每个人都应该学会倾听内心的声音，不要被他人的想法干扰，更不要卑微地去讨好别人。只有坚定做自己，才永远不怕被取代。

《无声告白》里有句话写得很好："我们终其一生，就是要摆脱他人的期待，做真正的自己。"

无论是十几岁的少年，还是三十多岁的成年人，我们活着不是为了满足别人的期待，而是活给自己看的。在乎的太多，考虑的太多，最终，只能任由别人摆布。还不如，勇敢地做自己，人生才有更多的余地。记住，取悦自己，是终生的修行。

成长不必背负他人的问题

基本上，一切人际关系的矛盾都起因于对别人的课题妄加干涉，或者自己的课题被别人妄加干涉。哪怕是亲生父母，对孩子也要学会放手。

有这样一种论调，如果父母对孩子没有严加管教，不为他们规划人生，小孩容易学坏，将来难有出息。事实果真如此吗? 阿德勒认为，每个人的一生都在追求优越感，正是这股力量促使人们不断进步，突破自我。因此，就算父母对孩子不加干涉，没有为他们指明人生方向，小孩依旧抱有获取成就的动机。

少数父母十分开明，对孩子没有控制欲。他们只希望孩子健康成长，长大能立足社会，养活自己就行了，并没有要求孩子考多少名，上什么样的大学，未来从事什么职业。这些孩子按照自己的意愿成长，很多人远超父母期望，活出了精彩的人生。

大部分父母总想控制孩子，认为孩子的年龄还小，缺少人生阅历，便把自己的想法强加给孩子，希望他们少走弯路，成长为理想的模样。有些人比较幸运，父母的愿景与他们的人生目标刚好一致，他们即使成功了，也大多归功于父母，这样的人自信心难免不足。另外一些孩子为了满足父母的心愿，不得不放弃自己的想法，人生顿时失去了乐趣。还有一些孩子坚持自我，用叛逆来对抗父母，导致亲子关系日益紧张。

阿德勒对于这个问题的看法是：一切人际关系的矛盾都起因于对别人的课题妄加干涉，或者自己的课题被别人妄加干涉。只要能进行"课题分离"，人际关系就会发生巨大改变。哪怕是亲生父母，对孩子也要学会放手。

现在家长最关心的莫过于"学习问题"，如果孩子不爱学习，成绩落后，家长会十分恼火，会想方设法地让其学习。"威逼利诱"，无所不用，考得好多给零花钱，或者打出"苦情牌"，让孩子心生愧疚。可是，最后孩子爱上学习了吗？恐怕只是在应付作业吧。

阿德勒提示父母应该搞明白一件事：学习是谁的课题？如果孩子不爱学习，没能拥有好学历，将来进入社会处处碰壁，这样的结果应该由谁来承担？该由父母来承担吗？显然不是，那么毫无疑问，学习是孩子的课题。

既然学习是孩子的课题，父母就不应该妄加干涉。不少父母打着"为你好"的幌子，逼迫孩子学习，不过是为了满足自己的虚荣心或者控制欲。孩子将来高官厚禄，他们脸上贴金，如果孩子只是最普通的打工人，他们在亲朋面前会感觉低人一等。当然阿德勒心理学主张的不是放任不管，任由孩子胡作非为。就"学习"这个课题，父母要竭尽全力协助，但是请不要指手画脚，更不能用激烈的手段去干涉。

孩子是独立的个体，不会完全按照父母的想法活着，人生目标更是如此，应该由孩子根据自己的兴趣和能力去规划，父母不能代劳。阿德勒指出，"选择自己认为最好的道路"，至于别人如何评价你的选择，那是别人的课题，你无法左右。如果你违背了真心，让父母对你的人生横加干涉，到头来很可能会演变成一场灾难。

鲁迅先生在《我们现在怎样做父亲》中写道："父母对于子女，应该健全的产生，尽力的教育，完全的解放。"我深以为然，即使作为关系亲密的家人，父母也不能强行背负孩子的课题。我们应该主动选择自己的人生，正确处理自己的课题，至于别人的干涉，既没必要曲意迎合，也没必要委曲求全。

从不同角度看待否定自己的话语，世界就会骤然改变

面对别人发出的不同声音，只需自己改变消极的认知，常怀感恩之心，眼前就会豁然开朗，连带世界也跟着明媚起来。

人非圣贤，孰能无过，我们在工作、生活、学习中，难免会做错事、说错话。面对别人的否定和指责，不同思维方式的人反应各不相同：有的人会伤心落泪，有的人会针锋相对，有的人会我行我素，还有一小部分人会心存感激，真正做到从善如流。不同认知决定不同思维，而不同思维针对刺激又会做出不同的反应。

为何只有少数人能摆正心态，倾听不同的声音呢？

这是因为，相比于美化一件事，人更容易将其负面化。当别人发出质疑的声音时，我们本能地就会产生排斥心理，进而分析对方是否在找碴。但是，这并不代表多数人散发着负能量，这是人类在长期进化中形成的思维模式。

人体各种功能的演变都是为了更好地适应环境，大脑则保留一套负面的反应机制，让人类能够远离危险，得以生存。

比如在原始部落，人必须保持高度的警惕，时刻都要保持着战斗准备，以应对自然灾害的发生，还得提防野兽和外族的侵袭，所以我们会产生愤怒、害怕、恐惧、焦虑等不良情绪。在漫长的进化历程中，这些负面因子已经根植于我们的基因中，代代相传。

即使我们早已不是原始人，不再过着茹毛饮血的生活，大脑依旧会对潜在的威胁保持警惕，这会导致我们对别人的言论变得格外敏感。面对对方的否定，我们会过度解析话中的含义，甚至会不自觉地往不好的方向去联想，并常常得出负面的结论。

比如与别人聊天，只要觉得自己说错了话，对方的语气稍微严肃了点，我们就会感到不安。即使对方的话语没有指责的意思，我们都会将其视为一种批评，连带着情绪跟着低落起来。再比如，从熟人的一个眼神中，就能解读出多种情绪，如果是跟自己有关的，刚好又是比较负面的信息，就会引起我们心理不适，唯恐哪里没做好，落下话柄，被人瞧不起。如果自信不足，难免会深陷自卑，害怕社交，引发抑郁。

阿德勒认为，每个人都会在选择中成长，人可以通过改变认知来改变思维，只要从不同的角度看待否定自己和他人的话语，世界就会骤然改变。

认知就像我们看世界的镜片，而主观意识是镜片的颜色，你看到的世界都是你主观意识参与的结果。别人的言论作为客观事实虽然不能改变，但是，我们可以改变解读的方式。常怀感恩之心，去领悟负面结论背后的善意，眼前就会豁然开朗。

1853 年春天，位于纽约东部旅游胜地的一家餐馆里，厨师乔治·加林正在忙碌着烹饪美食，服务生端着盘子走了进来，说有位客人抱怨油炸马铃薯片太厚了。乔治夹起一片马铃薯看了看，和平时做的没有区别呀，这位客人可真逗！不过，他本着客户至上的精神，特意切薄了马铃薯，下油锅重新炸了一份。

不料，几分钟后，服务员又折回来了，说那位客人还是嫌厚。不会吧？这人也太难伺候了！乔治顺着后厨往外望去，看见了海军上尉范德比尔特。他心想：也许这位走南闯北的军官吃过更薄更美味的油炸马铃薯片，所以，他才会提出这样的要求，并非是故意刁难。

想到这，乔治沉下心来，把马铃薯片切得像纸一样薄，炸过之后金黄酥脆，他沥干油，又撒上了一点盐。不一会儿，服务员又端着盘子回来了，不过这次盘子是空的。客人满意极了，把油炸马铃薯片一扫而空，他又点了一份。没想到，乔治无意间改进的薯片，不但成了该餐馆的招牌菜，吸引无数游客前来品尝，而且还成为全世界最受欢迎的休闲食品之一。

面对顾客的一再否定，厨师乔治抱着一种开放包容的态度，以积极的心态去正向思维，生活自然也会把美好和喜悦回馈给他。

这世间本就存在着不同的声音，大家彼此意见不统一，这都是理所当然的事。因而，想让事情朝着积极的一面发展，我们只需改变自己消极的认知。怀着感恩之心，始终保持耐心，以客观公正的心态看待他人的否定和指责，会使我们进一步完善自我，走得更远一些，连带世界也跟着明媚起来。

忠告 5
接受自己是不完美的

<hr>

人生始于不完美

"金无足赤，人无完人"，每个人都有短板，这很正常。要学会欣赏自己，把主要的精力放在优点上，做一个有特长的人，即使不完美，一样可以取得成功。

国庆假期，朋友兰兰跟我"吐槽"，她再也不想看朋友圈了。

因为她看到的不是同学晒丰盛大餐，就是亲戚发旅游打卡照，要不就是朋友在举办豪华婚礼，诸如此类。这些事看完就闹心。过节期间她不但要加班，还得挤出时间去应付家里安排的相亲。姿色平平的她从来不抱任何希望，自嘲"母胎单身"，与爱情绝缘。相比之下，兰兰觉得自己活得既失败又悲惨，别人的生活却丰富多彩，看起来那么完美。

29 岁的兰兰正值壮年，拥有健康的体魄和稳定的收入，但是她总喜欢盯着自己的短板不放，导致心情黯淡，自卑丛生。

阿德勒提出："我们人类在孩童时代毫无例外地都抱着自卑感生活。"这一观点乍看之下让人不敢苟同。童年时代多纯真，多美好呀！又不是残酷的成人世界，充满了较量和竞争，孩子整天思考着哪里有好玩的好吃的，无忧无虑，何来"自卑感"呢？

阿德勒指出"自卑感"是"无法达成理想的自己"而产生出来的感觉。

从出生开始，孩子就开始接受外界的评判了。蹒跚学步时，大人会教他们用眼睛看路，减少摔跤；牙牙学语时，父母会一遍遍纠正他们的发音、吐词；上幼儿园的时候，幼师会教他们如何穿衣、如何用筷子、如何叠被子；等等。几乎每个人都会被明示或者暗示：好好表现！在成长的过程中，孩子的行为不断受到评估，优点要继续发扬，缺点要及时地改正。

孩子慢慢意识到，无论在学校还是在家里，只有达到预期目标，才能得到别人的认可。

如果做错了事，表现太差，不但会遭受老师或者父母的批评指责，有时候还会被剥夺诸如吃零食、看电视、出去玩等"特权"。直到孩子的表现有所好转后，大人才会恢复他们的"特权"。在孩子的心里，他们会渴望自己变得更优秀，更完美，形成一个"理想自我"以达到大人的期望值。

其实，这个时候，无形中就产生了"自卑感"。

阿德勒说自卑感是与生俱来的，它本身并不是什么坏事，无论是孩子还是大人，本质上都有一颗想要变好的心。从学生时代步入职场阶段，我们不断地经历各种考核，被灌输要拿出"最好的表现"的思想。不少大公司实行精兵减员计划，期望员工进一步提高工作效率，花更少的时间完成更多的工作。另外，同行业的竞争也在加剧，迫使员工为之拼搏奋斗。除了来自外部的压力，员工自身对成功的渴望也越发强烈。

激烈的竞争机制会让人深陷追逐之中，渴望改善自己的表现，达到更高的标准，进而成为完美主义者。他们的目光自然而然地落到短板上，恨不得改正自己所有的缺点，唯恐被人赶超，不敢懈怠。像《阿飞正传》中所说："世界上有一种鸟没有脚，生下来就不停地飞，飞得累了就睡在风里。一辈子只能着陆一次，那就是死亡的时候。"

我们每个人都希望自己变得优秀，最好没有缺点，打造"完美"人设。

古训"金无足赤，人无完人"，每个人都有自己的短板，这很正常。这世上，谁敢说自己是完美之人呢？

即使是享有"沉鱼、落雁、闭月、羞花"之美誉的古代四大美女，都各自有着不为人知的生理缺陷：西施脚大、王昭君削肩、貂蝉耳朵小、杨贵妃有狐臭。

"完美"是一种理想状态，是人们心中虚幻的假象，它也是一种动力、一种向往、一种追求。追求完美没有错，我们可以努力地朝着目标迈进，尽量把事情做得更好，不断地趋向完美。但是太刻意追求完美，就是一种自我折磨，其结果必然是大失所望，让心灵背负上自卑的枷锁。

法国著名雕塑家罗丹说："世界上不是缺少美，而是缺少发现美的眼睛。"

在法国的卢浮宫里，有一件镇店之宝，它就是女神维纳斯雕像。然而美中不足的是，雕像双臂残缺，许多艺术家提议将其复原，结果加上手臂之后，整件作品反而失去了原有的光芒，艺术魅力大打折扣。

博物馆唯恐落下一个画蛇添足的结局，赶忙将这场"修复"计划取消。

维纳斯至今仍旧是断臂，但是络绎不绝的参观者没人因为她的断臂而感到不完美。恰恰相反，正是失去了双臂，让神话中嫉妒成性的美神维纳斯增添了高贵与典雅，以更加纯粹的女性柔美示人，在无意中，也将人的审美意识提高到了一个新的层次。

"瑕不掩瑜"说的就是这个道理，即使存在一些瑕疵，也不会掩盖其美好的一面。

我们需要认清一个事实：没有人生而完美。因此，不足、短板、缺点不会凭空消失，而是会如影相随。我们不是用来提水的木桶，根本没必要盯着"短板效应"。假如你五音不全，那么音乐就是你的短板，而如果你不想成为音乐家，就根本没必要为这块"短板"

苦恼。

你需要做的是：学会欣赏自己，发挥自身优势，把精力放在优点上，做一个有特长的人，即使不完美，一样可以获得成功。

很多人跟我的朋友兰兰一样，没有高薪的工作，没有富足的家庭，没有加分的颜值，生活中的一切都看似不完美。但是，只要不用功利主义的眼光审视自己，而是换作欣赏的目光，肯定可以找到一两个亮点的。

认真培养你的优点和长处，慢慢地，你就不再那么自卑了。你不再介意异性是否对自己感兴趣，而是会利用"空窗期"提升自我，让精神和财富双丰收。

月有阴晴圆缺，花有盛放枯萎，人生始于不完美。有时候，存在缺陷也是一种美，当务之急是拆掉思维的墙壁，不要跟自己较劲，盯着"短板"苦恼不已，而是学会欣赏自己，让不完美的人生充满活力。

不是肯定自我，而是接纳自我

自我接纳与自我肯定不同，它是指真诚地接受那个做不到的自己，然后向着更好的方向努力。

很多人在遇到难题的时候，会给自己打气，施加一些心理暗示，告诉自己"你可以的""你一定能做到"。这种自我肯定的做法，短期内确实可以为精神注入一股力量，使人自信倍增。一个人如果没有自信，很难拿出勇气去克服困难和障碍，那他什么事情也做不成，但是如果自信过了头，就会走向极端。

因此，阿德勒认为，"自我肯定"含有对自己撒谎的成分，容易引发优越情结，认为自己真的无所不能，从而导致自信过度。

西楚霸王项羽的性格中有一个致命弱点：过于自信。一个人的性格养成，在小时候就初见端倪。《史记》记载："项籍少时，学书不成，去学剑，又不成。"项羽年少的时候，学书不成，学剑又不成。但是他不以为然，还振振有词地反驳，读书识字认得名字就行，学剑术只能单挑，不值得学。

自视甚高的项羽要学以一敌万之法，结果兵法学了一阵子，"略知其意，又不肯竟学"。然而，当这位年轻的少主见到秦始皇的仪仗时，却自信满满地说，"彼可取而代也"。后来，项羽因刚愎自用，引发一系列指挥不当的错误，最后沦落到乌江自刎的下场。

古往今来，多少英雄豪杰、仁人志士，没有人能够做到完美。因为人不是万能的，所以有些事情做不到实属正常，根本没必要暗示自己一定行。为了帮助人们摆脱这种困境，阿德勒希望我们学会"自我接纳"。

"自我接纳"不同于"自我肯定"，它是指真诚地接受那个做不到的自己，然后向着更好的方向努力。

我们可以这样理解，如果一项测试中仅仅取得了及格分数，"自我肯定"的做法是对自己说："我有考 100 分的实力，只是没发挥好，运气差了一些。"而"自我接纳"则会真诚地接受低分的事实，客观地承认自己的不足，同时思考解决之道；利用"课题分离"法，分清哪些是"能够改变的"，哪些是"不能改变的"，积极努力地向 100 分迈进。

阿德勒认为每个人都具有一定的拼搏精神，会力求向上，追求优越以适应环境。我们必须明白，我们无法改变"被给予了什么"，例如父母是和蔼型还是暴躁型，但是关于"如何利用被给予的东西"，我们还是有能力通过自我接纳去改变的。

我们无法改变过去，无论好坏都成了往事，我们只能改变对事情的诠释，选择与过去的自己和解。自我接纳，就是不再纠结无法改变的事项，把注意力集中于当下，改进目前的行为，给未来的自己一个更好的交代。

澳大利亚的尼克·胡哲一出生就没有四肢，仅在左臀下端有一个带两个趾头的"小鸡脚"。先天性的缺陷，对一个普通家庭来说无疑是大悲剧！

父母初次见到这样的他，惊骇不已，父亲直接跑到门外呕吐，母亲则是过了 4 个月才敢拥抱他。尽管在成长的过程中，父母给了尼克无限的关爱与支持，但是不断受到外界孩子的嘲笑，让 10 岁大的尼克一度产生了自杀的念头。可是，一想到家人在他的墓前痛哭流涕的样子，尼克就放弃了。

13 岁时，尼克在杂志上看到一篇残疾人自强不息，帮助他人的故事，深受感动。尼克接纳了自我。或许上帝把他生成这样，是为了给别人带来希望。尼克重拾信心，四肢全无的他以惊人的毅力，学会了骑马、游泳、冲浪、潜水以及打高尔夫球等运动。他走遍全球六十八个国家，举办过一千六百多场演讲，不仅用自己的故事激励了数亿人，更是通过公益事业让千万人获得新生。

尼克一直认为，身体残缺并不可怕，可怕的是你不肯接受事实，生活在自怨自艾中。"Give up"（放弃）还是"Get up"（站起来），是每个人必须面临的选择。只有接纳自己，才能积极地看待问题，生命才能迎来转机。

放眼一生，谁没有磕磕绊绊，谁没有苦难历程？为什么有些人止于中途，而有些人却能走到最后？尼采说："最难的阶段不是没人懂你，而是你不懂你自己。"成长是一个缓慢接纳自己的过程，请学会欣赏自己的优点，改善自身的不足，只有这样，才能找到正确的方向去努力。当我们愿意直面痛苦，不因害怕而选择逃避，不因自负而轻视问题，而是迎难而上时，人生的质量一定会有所提升。

我们不需要强迫自己改变，只要学会从不同角度
发现自己的亮点

人不可能马上改变，即使强迫自己也未必做得到。这个时候，不妨换个角度看待问题，"短处"也能变成"长处"。

怎样拍照才能好看？相信绝大多数女生都知道秘诀。让光源高于被拍摄的对象，与面部水平面呈 45 度倾斜，可以让脸蛋显得更瘦小更立体，拍照效果更好。这就是"换一个角度"的神奇变化。

有人会说这样拍照带有"欺骗性"，现实中的自己没有那么好看。但是你要明白，自我嫌弃对一个人的工作、健康以及亲密关系都没有好处。美学大师罗丹说过，"世界上不是缺少美，而是缺少发现美的眼睛"，换一种角度，我们无须任何改变，就能发现自己的亮点，何乐而不为呢？

阿德勒认为有自信的人从不害怕与人交往，他们很容易发现自己的长处。另一群人则是对自己持否定态度，对自己赋予负面意义，从而逃避人际关系。想要认同自己的价值，就不能只盯着缺点看。但是人不可能马上做出改变，即使强迫自己也未必做得到。这个时候，不妨换个角度看待问题，"短处"也能变成"长处"。

古时候的印度，有一名挑水工，每天都要到很远的小溪去挑水。

他有两只水罐，一只上面有一道裂痕，另一只完美无瑕。好水罐每次都是满载而归，破水罐每次到主人家只剩下半罐水。时间久了，破水罐变得闷闷不乐，认为自己很没用，在好水罐面前自惭形秽。

挑水工照旧在溪边打水。破水罐对他说，都是自己的裂痕，害得他尽了全力，却只能运半罐水回去，对此，它深表歉意。挑水工听完，对破水罐说先不要急着道歉，可以在回去的路上，留意一下道路旁那些美丽的花儿。

破水罐开始留意起道路旁的鲜花，它们在阳光的照耀下争芳斗艳、鲜艳欲滴。挑水工说出一个秘密：这些鲜花的盛开都是破水罐的功劳。破水罐又惊又喜，它简直不敢相信自己的耳朵。挑水工接着说，因为破水罐上面有裂痕总漏水，他利用了这一点，在破水罐的一边撒下了花种。每次从小溪回来，都会浇灌它们。两年来，他一直采摘这些美丽的鲜花安插在主人的花瓶里。如果没有破水罐，主人哪能欣赏到山花烂漫呢？

这个故事道出了普通人容易犯的一个通病：总能看见自己的缺点，却忽略了潜在的优势。这是多么大的悲哀！由此可见，如果我们时时刻刻盯着自身的裂痕，却看不到从裂缝中透出的光芒，那么人生一定是黯淡无光的。

阿德勒接待过不少"讨厌自己"的人前来做心理咨询。经过深入交流，阿德勒发现这些人的自我评价非常低，他们会低估自己，意识不到自己有什么优点，并带有明显的自卑情绪。阿德勒认为他们是下定了"不喜欢自己"的决心，这样做多是以逃避人际关系为目的。所以，他们往往只能看见自己的缺点，对自己的优点视而不见。

人无完人，每个人身上都多多少少存在缺陷，但这一点不妨碍我们喜欢自己。不要一边拿着放大镜看自己的短处，一边忙着羡慕别人的长处，你以为自己看到的是生活的全部，实际上你只看到了很小的一个片段。每个人都有自己的短处，同时，也有自己的长处。

西汉刘向在《说苑》中记载了一个有趣的故事叫《甘戊使于齐》。甘戊是战国中期秦国的名将，经张仪引荐给秦惠文王。一日，甘戊代替君主去游说齐王，遇到一条大河过不去，只好找船夫帮忙。船夫得知甘戊此行的目的，嘲笑他连条河都过不去，拿什么本事去充当说客呢？

甘戊反驳船夫："世间万物各有长处，各有短处。比如，恭谨忠厚的人适合辅佐君王，不适合带兵打仗。骏马能日行千里，如果让它去捉老鼠，它肯定不如一只猫。宝剑削铁如泥，用来砍木头的话，估计没有一把斧子好用。说说我吧，划船技术肯定不如你，但是论游说君主的本领，你可比不了。"船夫听完，顿时心悦诚服。

船夫拿自己的长处和甘戊的短处说事，实在太片面了。甘戊是个有自信的人，才没有着了他的道。在日常生活中，不少人喜欢自讨没趣，拿自己的短处和别人的长处去比。这一比，更觉得自己毫无价值，是个彻头彻尾的失败者，情绪不消极才怪呢！

不要逞强让自己"看起来很强"，而是努力让自己真正变强

"看起来很强"是一种靠逞强支撑的虚伪优越感，而"真正变得很强"是即便遇到挫折、坎坷，也会勇往直前。

有些人讲究面子。在日常生活中，他们就算缩衣节食也要逞强包装自己，买大房子、开豪车、穿名牌，生怕被别人看不起。其实，明眼人都知道，一个人越是缺少什么，就越是炫耀什么。喜欢夸大其词的人，往往暴露了内心的自卑。

阿德勒认为自卑可以促使人进步，人为了消除自卑会不断追求优越，从而变得优秀。但是如果对自卑处理不当，会变得爱慕虚荣。而那些为了消除自卑，拼命制造"看起来很强"的假象的人，过分好面子，不惜打肿脸充胖子。

网上有一则新闻：有个村民在外打工，手头并不宽裕，但是为人争强好胜，贷款买了一辆新车开回村里。他开着新车在村里四处转悠，想要借此向村里人炫耀一番。可是，定睛一看，不少人家门口停着小轿车，档次都比他的高。别看那些人平时不显山不露水，原来经济能力都比他强。他感到无地自容，之前的优越感荡然无存。

阿德勒认为"看起来很强"，是一种"必须比别人更优秀"的虚伪优越感。而"真正变得很强"是即便遇到挫折、坎坷和困难，

也不向现实屈服，而是从这些苦难中汲取智慧，勇往直前。真正成熟而强大的人，不会靠逞强来证明自己，他们有自己的底气和格局，以最得体的姿态，行走于这个世界。只有好面子又没实力的人，才喜欢用炫耀来掩饰内心的脆弱，这无疑是欲盖弥彰。

有位主持人说过："面子在没有实力支撑的时候，是不存在的，因为没有里子。"面子不是靠吹牛撑起来的，而是靠自己实力说话的。只有弱者才在乎面子，强者都活成了里子。只要我们善于利用自卑，除去逞强的伪装，拿出勇气面对现实的困境，就能达到一个令人意想不到的高度。当你真正活出自己，内心就会变得强大，至于别人怎么说怎么看，这些都不重要了。

我们为了消除自卑，追求的是一种踏踏实实的能握在手中的幸福，而不是自欺欺人式的"看起来很强"。有些人不希望别人看出他们的自卑，为了虚无缥缈的面子，用逞强营造出的优越感加以掩饰。在不知不觉中，他们陷入了攀比的旋涡，变得越来越贪婪，心态也越来越浮躁。最后，迷失在无尽的野心和欲望里，丢失了初心。

真正的强大，从来不是凭谎言去营造人设，甚至做一些违背良心的事情。凡事总要有个度，在个人能力范围内，让自己有点面子，这无可厚非。可是，一旦把面子变成了负担，过度逞强，习惯与人较劲斗狠，那就是幼稚无能的行为了。每个人应该清楚地意识到：面子是给别人看的，日子才是自己过的。不要活在虚荣里，靠炫耀来掩盖自己内心的缺失。

社会篇

无法信赖别人，
是因为不能彻底信赖自己。
幸福和不幸的根源，
都来自人际关系。

忠告 1
尊重是一切人际关系的基础

尊重就是实事求是地看待一个人

尊重就是指不试图改变或者操控他人，不附加任何条件地去尊重一个人。只有这样，他才会有勇气继续前行。

在网上看到了一个帖子：恋爱三年的张小姐，终于等来了男友的求婚。当张小姐兴奋地晒出钻戒的时候，闺蜜盯着绿豆大小的钻石，表情变得古怪起来。看她一副欲言又止的样子，张小姐连忙问怎么了。

闺蜜撇撇嘴，说道："如果是我，肯定一口回绝。你的男友太抠门了吧，买一枚这么小的钻戒糊弄人！"

听到这句话，张小姐表情僵住了，她再也没有心情闲聊了。其实，男友家境贫寒，能花 3000 元买一枚钻戒，已经实属不易了。然而，这一切在闺蜜的眼中，却成了毫无诚意的表现。

事后，张小姐在网上提问：拿小钻戒求婚的穷男友，到底该不该接受呢？

不少人在评论区留言支持并祝福张小姐，同时指出这位闺蜜嫌贫爱富、口无遮拦，最关键的一点是：不懂得尊重别人。

人总是一厢情愿，觉得自己喜欢什么，别人也一定喜欢，从不换位思考，更不会倾听别人的想法。肆意侵犯他人的权利，只会引起反感和厌恶，甚至导致对立与冲突。阿德勒认为："人与人都是对等的存在，给对方自由选择的权利，让对方感到自己是有价值、受到尊重的。只有这样，他才会有勇气继续前行。"

不经他人同意，剥夺对方的选择和意愿，哪怕是打着"为他好"的旗号，也不能掩盖其粗暴、强迫的真面目。人人都渴望得到尊重，尊重是指不试图改变或者操控他人，不附加任何条件地去尊重一个人。尊重会在人际交往中产生一种信赖的良好氛围，只有充分尊重他人，由他自己决定该如何行动，才能让其接纳自我，重获生活的勇气。

有一次，阿德勒应邀去治疗一位患有精神分裂症的女子。该女子头部没有受过外伤，身体也很健康，排除了器质性精神障碍。但是她的症状很奇怪，她丝毫不把自己当人，整天学狗汪汪地叫，乱吐口水，撕扯衣服，偶尔还会啃咬家具。她这样的状态已有八年之久，最近两年格外严重，母亲不得不把她送进精神病医院。

很快，阿德勒制订了一个治疗方案，不打针不吃药，而是"同她聊天"。阿德勒与这名女患者连续讲了八天的话，没有劝说，没有说教，就像老友般与她聊天，对方没有回应一个字。但是阿德勒不放弃，继续跟她说话，直到一个月后，女子终于开口回应了。不过，由于她太久没有讲话了，吐字严重不清，根本听不懂她在说什么。不过，可以肯定，她正在尝试接受阿德勒这个朋友。

改变让她的内心遭受了极大的矛盾，她依然抗拒与他人建立联系。她的行为变得极具破坏力，就像一个问题儿童，企图摔碎一切能够抓到的东西，并且对人产生了攻击行为。阿德勒再次同她说话的时候，她果然动手打人了。阿德勒阻止了工作人员的干涉，没有责备她，而是用友善的目光注视着她，任由她打。

女患者很快停手了，她不想伤害阿德勒，但是，她不知道该如何平复内心的冲击。于是，她拼命敲打玻璃窗，直到手被玻璃划破。阿德勒没有呵斥她，而是用绷带为她包扎止血。

过了这个阶段，女子的病情大有好转，她变得爱说话了，而且很有礼貌，没过多久，就痊愈出院了。阿德勒持续关注这名女子。一年后，她的精神状态良好，与正常人无异，与周围人相处融洽，而且找了份工作，完全能养活自己。很难想象，她之前得过那么严重的精神病。

曾经治疗过她的医生惊讶不已，纷纷请教阿德勒是如何治愈她的。

阿德勒指出，治疗这种疾病是一门艺术，但是采用的手段并不算高超。这名女患者曾经被人粗暴地对待过，让她丧失了做人的兴趣，宁愿当一条不近人情的狗。想让她回归到正常人的状态，那么首先需要把她当作"人"来尊重。没有尊重就无法产生良好的人际关系，没有良好的人际关系就不能保障顺畅的交流。

美国著名心理学家弗洛姆对阿德勒思想进行了补充，他认为："尊重就是实事求是地看待一个人，并认识到其独特个性的能力。"每个人在这个世界上都是独一无二的存在，不要把自己的价值观强加给别人，要努力去发现那个人本身的价值，并进一步帮助其成长发展，这才是最好的尊重。

先学会尊重自己，才能真正尊重他人

只有严格要求自身，学会尊重自己，保持良好的修养，才能对等地尊重他人。每做一件事优先考虑别人的感受。当我们处处尊重别人，相信尊重也是会传染的。

在人际交往中，每个人都希望能得到别人的尊重。著名主持人董卿说："相对于喜欢，我更在意尊重，因为喜欢很多时候来自表象，而尊重却源于本质。"所以，无论是尊重别人，还是被人尊重，都显得十分重要。

良好的教养，不仅要懂得尊重别人，对待陌生人彬彬有礼，更重要的是要懂得尊重自己、爱护自己。看似简单的自尊，往往更需要我们用心去经营。

北风呼啸，白雪皑皑，一辆从太原开往北京的高铁正在快速行驶。50 岁的孟阿姨带着生病的老伴去北京看病，车厢里温度适宜，加上舟车劳顿，没过多久便困意来袭，夫妻俩靠在椅背上睡着了。过了十分钟，孟阿姨猛然惊醒，总感觉哪里飘来一股异味，熏得脑门痛。

孟阿姨捂着鼻子寻找气味来源，定睛一看，吓了一跳！只见两双赤脚正架在自己座位的上头，她一伸脖子，看到了后座两位打扮时尚的年轻女子，一边架着脚，一边闲唠嗑。

公共场合丝毫不顾及形象问题，做出这么不雅的举动，孟阿姨非常生气，直接和她们理论起来。但是，两名年轻女子丝毫没有歉意，其中一人还对孟阿姨出言不逊，挑衅地说：“我的脚不臭，不信你闻闻！”

孟阿姨被气得说不出话来，她老伴身体本来就差，一生气就浑身发抖。周围看热闹的人越来越多，大家纷纷谴责这两名年轻女子，列车员出来调解，考虑到孟阿姨老伴的身体状况，给他们调换了座位。

这两名年轻女子虽然外表光鲜，但是内心实属丑陋，身处公共场所，却毫无公德心。她们的行为，只能换来周围人的鄙视和厌恶。人们常常希望获得别人的尊重，结果却忽略了最重要的一点——自尊。唯有严格要求自身，学会尊重自己，保持良好的修养，才能对等地尊重他人。一个人懂得自尊自爱，别人才会尊重他。

北魏的长孙庆明，年少时就为人正直、品行高洁，有操守。即使平时在家中，他也保持端庄的姿态，与人结交谈吐有度。魏文帝很是敬重他，为他赐名“俭”。

当时，荆州刚刚归附不久，魏文帝为了表彰长孙俭之前管理三夏州有功，派他做了荆州刺史。长孙俭走马上任之后，发现荆州是个尚未开化的蛮夷之地，连最起码的尊敬长辈都不懂。他决定改掉这种陋习，于是推广孝悌之道，事事做表率，当地民风在他的带动下大为改观。管辖的区域没有人违法乱纪，百姓安居乐业。

后来，长孙俭当了尚书。有一回，他与群臣在皇帝面前谈论国事，退朝的时候，皇帝对身边人说："长孙俭举止文雅，我每次和他说话，都会肃然起敬，生怕自己出现失误。"

一个品格高尚、心怀自尊的人，他的一言一行都合乎礼仪，每时每刻都端庄得体，不但对别人表现出尊重，而且能对身边的人起到潜移默化的影响，最终获得他人的尊重和认同。

《礼记》云："君子贵人而贱己，先人而后己。"越是懂得自尊的人，越明白如何去尊重他人。当别人尊重你时，不是因为畏惧你，更不是刻意讨好你，而是因为他们的素养很高。

有些人不以为然，认为只要有足够的金钱或者权力，自然会赢得大家的尊重。可事实并非如此，阿德勒指出："这些有权有势的人会得到下属无条件的服从，以及来自表面的尊重。但是这种'尊重'不是发自肺腑，而是基于恐惧、从属、羡慕，他们不管处在高位的是谁，只是一味地畏惧权势、追逐偶像。"

而尊重别人，不是心怀"自己也想成为那样"的愿望，而是不加任何条件去认可眼前"真实的这个人"。真正懂得尊重别人的人，不会因为对方的身份高低而差别对待。只有严格要求自身，学会尊重自己，保持良好的修养，才能对等地尊重他人。待人平和，每做一件事优先考虑别人的感受，不伤别人的自尊，当我们处处尊重别人，相信尊重也是会传染的。

把"对个人的执着"转变为"对他人的兴趣"

一味关注自己的人，只在乎个人的得失与结果，对他人不感兴趣，缺乏与人合作的精神，到头来只会一步步地陷入自己制造的深渊。

在日常生活中，每个人都有自己的圈子，比如："驴友"圈子、"宝妈"圈子等。所谓圈子，就是一群志同道合的人聚集在一起，彼此有共同的话题聊。除了工作以外，圈子成为最主要的社交形式。我们作为其中的一员，需要与其他成员建立合作关系。

在远古时代，生活在原始部落的人们就懂得了合作的重要性。人类作为地球上弱小的存在，只有融入强大的集体，才能得以生存和发展。人与人之间通过共同的符号（图腾）团结在一起，从而避免洪水猛兽和其他灾祸的威胁。在部落中，对同伴的兴趣必不可少，只有了解别人的想法，才能提高合作水平，个人能力才能施展。

随着科技的进步，人类的生存环境大为改善，合作精神似乎显得不再重要。年轻人崇尚单打独斗，越来越注重自我。

阿德勒提到，有这样一种人，他们对生命的解读非常狭隘，只追求自身利益和优越感。对他们而言，生活是自己的，无须与他人合作。持有这种思想的人大多自私自利，对他人缺乏兴趣，与人交往脸上通常浮现出一种鄙夷或者淡漠的表情，很难与他人建立正常的联系。只关注自身利益的人生观，严重阻碍了个人和集体的共同进步。

无法否认，每个人都有点自私。每个人在心底，都是以自我为中心的。但是一旦对自我过分执着，所有的关注点都汇集到自己身上，就会引发过度自私。

过度自私是一堵与世隔绝的墙，也是一面镜子，镜子里看到的永远是自己。一味关注自己的人，只在乎个人的得失，对他人不感兴趣，缺乏与人合作的精神，到头来，只会一步步地陷入自己制造的深渊。他们没有爱人的能力，也不想去爱别人，从不替人设想，只会被排斥在圈子之外，成为别人厌恶和躲避的对象，永远活在冰冷和孤独中。

提起葛朗台这个名字，可谓是家喻户晓，他的视财如命达到了无以复加的地步，成功入选"世界文学四大吝啬鬼"排行榜。

葛朗台是巴尔扎克在《欧也妮·葛朗台》中塑造的经典人物，一生执着于"看到金子，占有金子"，自私透顶，唯利是图。他的心里只有自己，为了满足个人利益，不惜背信弃义。他出售劣质葡萄酒并从中大量获利，投机倒把，合伙人个个都吃过他的亏。

王尔德曾说："自私并非指一个人按照自己的意愿生活，而是他要求别人按照他的意愿来生活。"

葛朗台成为坐拥千万法郎的当地首富，在日常生活中却依旧吝啬得可怕。葛朗台对金钱的控制欲极强，哪怕是至亲，也休想从他这只铁公鸡身上拔毛。即使寒冬腊月，他也不许往壁炉里多烧一根柴火，眼睁睁地看着妻女冻得发抖。

为了得到更多的钱财，他甚至丧失人性，将魔爪伸向了自己的家人。

葛朗台发现女儿爱上了家道中落的侄子，极度不满，找了个冠冕堂皇的理由，打发对方去印度"历练"，拆散了这段姻缘。在他眼中，金钱至上，至于女儿的幸福，则是一文不值。

得知克罗旭家族和特·蓬风家族在为娶他的独生女儿明争暗斗，葛朗台索性利用这一点，骗取双方信任，从两边捞好处。他显然忘记了自己父亲的身份，在贪欲的沼泽里越陷越深。

妻子重病缠身，葛朗台却不肯花钱请医生。公证人"好心"提醒他，妻子一旦病逝，女儿欧也妮有权继承她的遗产。听到财产要被人分割，这简直是要了他的老命。葛朗台马上行动起来，请来城里最有名的医生给妻子看病。

表面上他看似对妻子有些情分，但是他的自私很快就体现出来了。他给的治疗费用是有上限的——"即使要我一百两百法郎也行"——家财万贯的人给妻子治病居然斤斤计较，惹得医生"不由得微微一笑"，这笑容极具讽刺意味。后来，妻子的丧事还没办完，葛朗台就搞起阴谋，让女儿放弃对自己母亲遗产的继承权。

风烛残年的葛朗台最后得了瘫症，每日与孤独相伴，他坐在轮椅上盯着黄金，一再叮嘱欧也妮"把一切照顾得好好的，到那边来向我交账"，却不知道女儿与他的想法大相径庭，打算拿这些钱去搞慈善。

神父给他做临终仪式，将一个镀金的十字架放到他的嘴边，葛朗台看见金子，见钱眼开，竟然下意识地伸手去抢。没想到，这一个"大动作"，直接要了他的命。

纵观葛朗台悲剧的一生，不患物贫，而患心穷。

他对自我过分执着，对金钱贪得无厌，不但坑惨了合伙人，还辜负了家里人。他对别人丝毫不感兴趣，从不真心与人合作，也不把别人的好当情分。别人的付出与容忍，他视而不见，只在意自己的利益，至于别人的感受，包括至亲，他统统不在乎。

像葛朗台这种见利忘义，处处想占便宜的人，最后活成了孤家寡人。没有人是傻瓜，吃了一次亏，以后都会提防对方，谢绝与他交往。物质上的贫乏尚有回旋的余地，然而，自私让美德流逝，内心的贫穷无药可救。

替别人设想，是合作的基本要件之一。

人人心中都有一杆秤，做人不能太自私，要懂得先人后己。如果你对别人感兴趣，愿意换位思考，在合作的过程中拿出一点奉献精神，必将增进你与他人的联系，真切感受到来自社会的友善与关爱。否则，私字当头，并任其发展，只会让身边的人越来越少，最终落得个众叛亲离的下场。

所有人的内心都有"共同体感觉"

"共同体感觉"是人类心理健康和幸福的晴雨表，是引导行动方向的指南针。

年轻的一代，尤其是"95 后""00 后"，常常被人贴上"冷漠自私""以自我为中心""凡事只考虑自己"等负面评价的标签。一方面他们个性张扬，不喜欢约束，更倾向于遵从自己内心的感受。另一方面他们处在社会高速发展阶段，从小就沐浴在"关注自我发展"的社会风潮中，寻求自我价值的实现。

人际关系的矛盾往往来源于"竞争思维"。在强烈的胜负欲和竞争意识下，我们沉浸在漫无目的的攀比中，即便与自己的目标和人生规划无关，看见别人成功也不爽。周围的人也常常无缘无故把我们视作"敌人"，人和人之间缺少信任与真诚。

无论个人主义思潮的声势有多浩大，那些洞察世事的心理学家，总是能穿过纷乱复杂的表象看清事物的本质。我们会选择把他人视作同伴还是敌人？如果选择做敌人，会拒绝与其来往，从而回避人生问题。如果选择做伙伴，我们会乐于与人交往，并感受到自己的价值。

对阿德勒来说，心理学是心的态度，并非是一种单纯的理论。到底要把他人视作同伴还是敌人，这不仅仅关乎着如何看待他人的问题，更关乎着我们的价值取向，必须明确表态。

第一次世界大战的残酷，为欧洲的心理学家带来了极大的启发。步入晚年的弗洛伊德经过这场大战之后，提出了"死本能"这一与"生本能"相对的概念，"死本能"对外表现为嫉妒、攻击、毁灭甚至是战争。与之相反，做过军医的阿德勒则认为战争是对同胞进行有组织的屠杀，他开始思考，有什么办法可以避免战争发生？

自从有了这个想法之后，阿德勒正式提出了"共同体感觉"这个概念。他把他人当作"同伴"，不看作"敌人"，并能从中感受到自己的位置。这个名词，阿德勒早年在维也纳精神分析学会时提过，但是，当初只是处于萌芽状态，经过战争的洗礼，终于演化为个体心理学的核心概念。

"共同体"的范围不仅包括家庭、学校、公司等常见环境，甚至包括国家乃至整个宇宙在内的"一切"，从时间轴上涵盖过去和未来。阿德勒最初诠释"共同体感觉"时，曾遭人抨击，认为这种说法宗教色彩太浓，有悖于科学。但是这与儒家的"仁者爱人"以及佛教的"慈悲"有着异曲同工之妙，折射出东方文化的影子。

阿德勒指出"共同体"背后的哲学思想是：我们不是世界的中心，也无法成为世界的中心。我们只是人类群体中的一员，虽然独立于他人，但同时也依赖于他人。没有群体作为背景支撑，"自我"便无法立足。

当我们把身边的人看作"伙伴"而不是"敌人"时，就能逐步建立起"合作共赢"的人际关系状态。将自我利益和他人利益对接而不是对立，我们在帮他人获利的过程里，会感知自身的价值，形成"我对他人有用"的主观感觉，即"归属感"，并认为这个世界基本上是安全的，从"共同体"中找到自己的容身之处。

阿德勒说："人不能只是置身于某个'共同体'当中，而是必须积极与这个'共同体'产生联系，才能获得归属感。""归属感"作为人的深层次欲求，得到归属感，就得到了幸福。

电影《天使爱美丽》中的女主角艾米丽出生在一个缺少关爱的家庭，父亲冷漠，母亲神经质。一次做医生的父亲替女儿做身体检查，她由于紧张心跳加快，被父亲误判为心脏病，所以，她只能待在家里由母亲教导，没有进入学校，也不被允许和其他小孩玩耍。

艾米丽变得非常孤独，8岁那年母亲死于一场事故，让原本冷清的家庭雪上加霜。父亲沉浸在妻子死亡的悲痛之中，对艾米丽不闻不问，她感受不到丝毫的家庭温暖。

艾米丽活在自己的世界里，不曾走进别人的世界，也没有让任何人走进自己的世界。

长大后的艾米丽在餐厅做女侍应，偶然在自己的出租屋发现了一个藏在墙壁内的小铁盒。铁盒里面装满了小男孩所钟爱的小玩物和许多照片，看起来似乎很重要。为了寻找失主，艾米丽付出了大量的时间和精力，当物归原主的时候，艾米丽的心情异常愉悦，看来助人果然是快乐之本。

于是，她开启了惩恶助善的天使生涯。扶盲人爷爷过马路，给玻璃老人积极向上的录像带，给遭受丈夫背叛的女房东写信，充当红娘撮合同事，惩治了爱刁难店员的水果摊主，还帮助了患有自闭症的父亲走出家门。

　　原本童年不幸，从未感受过爱的她，在帮助他人的过程里获得了重生。艾米丽变得开朗阳光、富有爱心，最后也找到了属于自己的爱情。

　　为什么帮助他人会产生如此神奇的作用呢？

　　马丁·塞利格曼曾在著作《持续的幸福》中提到："帮助他人，是人生低谷最好和最可靠的解药。"

　　在帮助他人的过程中，我们会觉得自己和周围的人是一体的，是可以相互信赖的同伴关系，能产生"共同体"的感觉。当一个人获得了安全感和归属感，在自身能量从负走向正的过程里，我们对世界的看法也会从消极走向积极。"共同体感觉"是人类心理健康和幸福的晴雨表，是引导行动方向的指南针。

忠告 2
工作是我们必须面对的人生课题

一个人只有借助劳动分工，才能成为集体的一分子

社会如同一部机器，每个人都是机器的一个零件，分工是人类补偿身体劣势而进化出来的生存战略。只有加入人类分工的架构，个体才能扬长避短，发挥自身优势，为整个社会的利益贡献力量。

阿德勒在其著作《自卑与超越》中指出，处于自然界中的人类，既没有猛禽的锋利爪子，也没有鸟类的飞行技能，更没有抵御攻击的坚硬外壳，可以说生理方面处于劣势。正因如此，人类才选择集体生活，团结起来互相守护。每一个成员都必须与其他成员发生联系，没有人可以脱离群体而单独存活。

　　阿德勒由此谈到，在这个资源匮乏的星球上，假如我们打算繁衍生息，就需要对其他人保持浓厚的兴趣，与他们产生联系和接触，并建立各种合作关系。如果说所有的人都不想合作，人类必将面临灭顶之灾。

　　不过，还好人类是天生懂得合作的生物，早在原始社会就有了很强的集体意识。族群中的男性负责狩猎、捕鱼、采集野果，获取食物后"平均分配"，既能确保氏族免于饥饿，又能体现公平公正，另外由女性负责烹饪、养蚕纺织、抚养子女等工作。总之，每个人在群体里都有着自己的职责。

　　这不是如动物般简单地结成群体生活，而是在合作的基础上，逐渐演化山高度分工系统的群居社会，形成了"分工"这一具有划时代意义的劳动方式。可以说，是"分工"铸就了社会。这一关键词把劳动和社会彻底关联起来，对于人类的发展意义重大。

　　社会如同一部机器，每个人都是一个零件，分工是人类补偿身体劣势而进化出来的生存战略。只有加入人类分工的架构，个体才能扬长避短，发挥出自身的优势，为整个社会的利益贡献力量。对阿德勒来说，"工作课题"不是单一的劳动课题，而是以与他人形成的人际关系为基础的"分工课题"。

　　在 18 世纪，亚当·斯密从经济学的角度提出了分工的意义。在心理学领域，阿德勒是首位从人际关系的角度解析分工的意义的，充分说明生存、分工以及建立社会，这三者密不可分。

　　亚当·斯密指出"分工"的根源在于人类的"利己心"，阿德勒却认为"分工"的本质在于"他者贡献"。这两种说法看似矛盾，实则内在统一。原因在于，凡是工作最终的结果一定指向"他者贡献"，个体优先考虑自己的利益，在工作中避开自己的短板，选择自己擅长的，不但不会影响工作效率，反而能发挥出集体的智慧，引发"安泰效应"。

"安泰效应"说明，没有集体作为根基，任何个体都是软弱无力的，也就是常言说的"众人拾柴火焰高""人心齐，泰山移"。每个人都有擅长的一面，只有借助劳动分工才可以成为集体的一分子，个体只有融入集体之中，才能发挥出他的全部作用。

也就是说，任何人都不用牺牲自己，怀着纯粹利己心的个体组合在一起，使社会分工成立，一定的经济秩序就能由此诞生，这与亚当·斯密所谈论的"分工"不谋而合。在工作课题中，"利己"发展到某种极致就会导致"利他"的结果。

秦朝末年，天下大乱，群雄逐鹿，英雄辈出。这其中，最有望统一中原的原本是盖世英雄项羽，然而出人意料的是，最后却是不起眼的泗水亭长——刘邦夺取了天下，不得不说，造化弄人。

刘邦转身建立起了大汉王朝，不过他也算有自知之明，他曾经总结，说："夫运筹策帷帐之中，决胜于千里之外，吾不如子房（张良）。镇国家，抚百姓，给馈饷，不绝粮道，吾不如萧何。连百万之军，战必胜，攻必取，吾不如韩信。此三者，皆人杰也，吾能用之，此吾所以取天下也。项羽有一范增而不能用，此其所以为我擒也。"

在这段话中，刘邦阐明出谋划策他不如张良，治理国家他不如萧何，排兵布阵他不如韩信，他唯一的长处就是知人善用。假如他派张良去一线打仗，让韩信去处理政务，恐怕自家阵营早乱套了。

这些能人正是按照各自的长处，分工协作，人尽其才，物尽其用。就算项羽再强，也只不过是一位孤胆英雄，哪里是强强联合的对手？

雷锋说过："一滴水只有放进大海里才永远不会干涸，一个人只有当他把自己和集体事业融合在一起的时候，才能最有力量。"

正因为社会有所分工，才会产生各种专业技术人才。拥有不同能力的人凝聚在一起，往往能够激发出巨大的潜能，从而使集体的利益趋于最大化。分工合作也是人类衡量价值和成功的基础。通过"分工"这一形式，可以有效地保障人类的生活品质。

决定人价值的不是从事什么样的工作，而是以什么样的态度致力于自己的工作

工作没有高低贵贱之分，只有分工不同，以及收入不同，一个人真正的价值是由他的工作态度决定的。

每年毕业季，大家纷纷投递简历，希望能找到一份不错的工作，借以安身立命。步入职场一段时间后，又把工作看作是一种约束，认为自己在替别人打工。于是，秉承"拿多少钱干多少活"的想法，对工作毫不上心，只敷衍了事。

偶尔遇上加班，他们牢骚满腹，觉得这是一种额外的付出，能推就推，实在推脱不掉，就得讲条件、谈报酬。他们极少愿意主动承担，更别提全心全意地投入工作。

这些年轻人跟《蜗居》中的海藻一样，不思进取，工作得过且过，甚至幻想着一周上班两天，休息五天。他们渴望拥有高薪又体面的工作，过着朝九晚五、令人羡慕的惬意生活。觉得这样才叫人生赢家；他们瞧不上赚钱少又辛苦的普通岗位，觉得档次低，没面子。

其实，工作本身不分贵贱，不该以收入多少、职位高低来衡量。由于所属行业不同，工作内容也不同，但是，任何一个岗位都需要有人来做。

比如环卫工人，又累又脏，但是为了保持城市的整洁干净，他们不分严寒酷暑，默默付出劳动。试想一下，如果没有人做环卫工人，我们的城市里可能到处堆满了垃圾。保安是一份不被人看好的职业，甚至有人骂他们是"看门狗"，但如果没有保安维持秩序，估计很多场所会陷入一片混乱。

坐在高档办公楼里的职业白领，每天要打几十通电话，顶着各种压力，处理棘手的工作。他们虽然不用日晒雨淋，但是，他们需要靠智商和情商来为企业创造财富。

既然大家都是在工作，为社会效力，为什么会觉得环卫工人、保安低人一等，而对高级白领的工作却心生向往呢？是因为社会分工不同，造成职业的"不平等"吗？

有人从事重要工作，有人则负责无足轻重的工作，优劣由此产生。

阿德勒认为，这是人类存在的偏见，如果站在分工角度考虑，所有职业一律平等。"共同体"中有各种各样的工作，需要掌握不同技能的人来完成，这种多样性正是丰富性所在。国家元首、公司总裁、建筑工人或者是没有收入的家庭主妇，一切工作都是"共同体"中必须有人去做的事情，我们只是分工不同而已。

关于分工，只要"共同体"中的工作没有被淘汰，这就说明其具有一定的价值。阿德勒说："人的价值由如何完成'共同体'中自己被分配的分工任务来决定。"换言之，决定人价值的不是从事什么样的工作，而是以什么样的态度致力于自己的工作。

职业没有贵贱之分，但是对于工作的态度却有高低之别。

当我们面对一份工作时，哪怕是最不起眼的职务，只要这份工作对他人、对社会有益，我们都应该竭尽所能地做好。做好了，不但别人满意，自己也能有成就感，还会在工作的过程中通过学习、研究、实践，练就一身本事。这种经验会让我们的职场之路越走越宽。

最近，一位"95后"快递小哥被评定为杭州市高层次人才，并获得杭州市一百万元购房补贴。会上，他与一位院士同台领奖。该消息一出，引起社会哗然。

这位获奖的快递小哥有一项"绝活"，就是能够熟练背诵全国城市区号、邮政编码。无论快件上标注的是城市、区号、邮编还是航空代码，随便报出一个，他马上就能说出地址对应的城市信息。

每天晚上是分拣员最忙碌的时候，要把收来的快递赶在清晨前分好，货运才能以最快的速度发送出去。这位快递小哥想如果能背下这些数据，拣货速度就能提高不少，就能早点完事回家。于是，他不论上班还是下班，抽空就背，甚至达到了"走火入魔"的境界。走在马路上看见一个车牌，都不忘思考一下它来自哪所城市。

功夫不负有心人，他终于背得滚瓜烂熟，工作起来得心应手，效率明显高于别人。公司得知他的工作秘诀后，开始派他参加各种技能比赛。他不负众望，拿了不少奖项。2019 年 8 月，他在"浙江省第三届快递职业技能竞赛"中荣获第一名，评选上杭州市高层次人才。

这位快递小哥感叹，他过去以为"人才"是指出国留学、高学历、搞研发之类的人。没想到，收发快递的"草根"小哥也能逆袭成为"人才"。这次能顺利评选上，他真的很激动，也很感激。下一步，他为自己确立了更高的目标。

网友纷纷评论："工作不分高低""三百六十行，行行出状元""不唯学历论人才，有眼光"。

工作没有高低贵贱之分，只有分工不同，以及收入不同，一个人真正的价值是由他的工作态度决定的。

无论从事什么工作，那份真诚的付出最可贵，每个认真工作的人都值得被尊重，没有人能够贬低其价值。倘若一味地追求高薪，却又不想承担相应的责任，这种人无论是对公司还是对社会来说，都是毫无价值的。态度才是一切工作的重中之重。

工作的本质是对他人的贡献

当我们在工作中为"共同体"做出贡献时，就能找到自己的价值所在，从而活出生命的意义。

如果问为什么要工作，可能有人会说，我不工作，吃什么？喝什么？用什么？我的家人又靠谁来养活？只有通过工作获取劳动报酬，才能保障我们的日常生活开销。为了生存而工作，这一点毋庸置疑。

当把工作视为一种谋生手段，势必会把它与奔波和劳碌连在一起，很难在其中寻觅到快乐与享受。然而，事实是，很多人在工作中获得了幸福。

阿德勒告诉我们，劳动不仅仅是赚钱手段，我们还可以通过劳动来实现对他人的贡献，参与到"共同体"中，体会"我对他人有用"，进而感受到自己的存在价值。

这么说吧，想证明自己存在的价值，一种方法是寻求他人认可的"存在感"，另一种方法是通过"他者贡献"产生的"归属感"，这两种情形是完全不同的。

追求他人认可的"存在感"是一种虚幻的感觉，主导权在别人手中。我们会认为"存在感"越高就越安全，为了能得到更多认可，导致与别人进行恶性竞争。当抱有强烈的竞争意识时，会与周围的人形成危险的"纵向关系"，在比较中，嫉妒、挫败、痛苦与日俱增。

阿德勒提出"人是无法独立存在的"。既然人无法独立存在，人类作为一个整体，每一个人都置身其中，只有在这个整体中找到自己的位置（即"共同体感觉"），自身价值才能得到别人的认可。"找到自己的位置"就是所谓的"归属感"。

如何在"共同体"中找到自己的位置呢？

答案是通过社会实践，即"他者贡献"。我们只有切实感受到自己的存在对"共同体"有益，也就是体会到"我对他人有用"的时候，才能确定自己的价值。因此，一切社会实践的最终结果必然是"他者贡献"。

阿德勒把对他人给予影响，做出贡献的行为，称为"他者贡献"。虽然包含"贡献"二字，但是并不意味着需要牺牲自我为周围人效劳。相反，阿德勒并不赞同这种做法，他把这种人称为"过度适应社会的人"。

工作是最典型的"他者贡献"，选择工作最重要的原因在于，我们能通过工作获得对他人、对社会有益的贡献感，工作的本质是对他人的贡献。当我们在工作中为"共同体"做出贡献时，就能找到自己的价值所在，从而活出生命的意义。

当我们在工作中感受到自己有价值时，就能体验到人生的喜悦和幸福。

社会上一直流行"财富自由"这种观点，大家都觉得只要有足够多的钱，就可以提前退休，最好在 35 岁时就退出职场，安心享受生活。但是，有些超级富豪拥有了几辈子都花不完的巨额财产，他们中有的人年事已高，远超退休年龄，却依然在工作岗位上奋斗不息。

他们为什么要工作呢？真是因为对金钱无底的欲望吗？

白发苍苍的"股神"巴菲特被记者问及为何还要继续工作的时候，他说，金钱投资是第二位的，首位的是投资自己的人生。做好人生投资的关键，就是要选择自己热爱的事业，在工作中为客户提供更好的服务。

当财富达到一定程度，金钱对于富豪来讲只是一堆无意义的数字。金钱带给他们的边际效应近乎零，一夜暴富、腰缠万贯、日进斗金都不能取悦他们。因此，他们比普通人更加渴望从工作中寻找人生的意义，为了"他者贡献"进而努力工作，寻求归属感。不少富豪致力于慈善公益，也是为了能够体会自我价值、确认归属感而进行的活动。

事实是：比你有钱的人，工作起来却比你更拼，比你更加热爱工作。所以说工作不仅仅是谋生手段，更是谋求自身价值，谋求人生幸福的途径。

如果没有目标作为支撑，那我们就像在演戏一样，
会越发不自在

目标对一个人的发展至关重要，一心向着目标前进的人，整个世界都会给他让路。

经常会听到一些小年轻抱怨不公平，为何一同进入公司，却只能眼巴巴地看着别人升职加薪，而自己只能在原地踏步，做着繁重的工作，领着一成不变的薪水。他们感到前途黯淡，活得好难，同时嘲讽别人要么运气太好，要么懂得迎合领导，才会步步高升。

事实果真如此吗？人与人之间的差距是怎么拉开的？

我曾经给老板当助理，较容易接触到商业圈里的成功人士，发现不少年龄不到 35 岁成为上市公司 CEO 的青年，都有一些共同的特点。他们知道自己想要的是什么，有清晰的目标，并在行动上心无旁骛，朝其靠拢。

阿德勒在谈到对优越感和成功的追求时，认为自卑感会唤醒人的奋斗意识，以达成心愿目标。首先，应该明确的是人需要确立"人生目标"，然后，才会有具体的实施计划。如果没有目标作为支撑，只是在内心想象着自己很成功，很了不起，那我们就像在演戏一样，活在虚构的剧本中，会越发不自在。

阿德勒主张"不问来处，只问去处"，这个"去处"指的正是

人生目标。

法国著名思想家蒙田说过这样一句话："灵魂如果没有确定的目标，就会丧失自己。"由此可见，目标对一个人的发展至关重要。只有把自己的人生目标先明确出来，从而确定未来努力的方向，才能从茫然的状态中解脱出来，真正实现自我价值。

乘坐出租车的时候，如果你不告诉司机去哪里，就算有十几年驾龄的老司机，也没办法把你送到目的地。司机只有知道"你想去的地方"，才能选择最佳路线，将你尽快送达。

一个人如果搞不清他要去的目的地在哪里，那么他永远到不了想去的地方。所以说"目的"，或者叫"目标"，一定排在经验和技巧前面。

现实情况是，大部分年轻人都很迷茫，他们没有树立人生目标和奋斗方向，根本不知道自己想要成为什么样的人，在事业上能够做出多大成绩。他们整天看起来忙忙碌碌，不是在刷剧、刷微博就是刷朋友圈，要不就是流连于各大购物网站，或者玩一些打发时间的小游戏。白天的时间浪费了，夜晚又不得不加班，这就是瞎忙，是没有目标的忙。

寻找人生目标并非易事。有的人终其一生都没有找到人生目标，活得浑浑噩噩，而有的人在童年就树立了人生目标，一生贯彻始终。要承认个体之间是存在差异的，但是每个人心中都在追求优越感，迟早会自觉寻觅人生目标。

你要相信，只要确立好人生目标，坚定信念，坚持不懈，一步步地迈向目标，就有达成目标的那一天。

村上春树是日本当代著名作家，同时也是一位高产作家。从 29 岁的第一本书《且听风吟》问世至今，他写作四十余年，完成了五十多本著作，多次荣获文学奖项。在此期间，他几乎没有遇到过普通作家所谓的低潮期和瓶颈期，一直文思如泉涌，成了文坛上的一棵常青树，享誉国际。

然而，村上春树在创作之初，并不顺遂。他写了很多稿件，自己看了不满意，传给朋友们看，大家也觉得枯燥乏味。不少人奉劝他放弃，说他根本不适合写作。

村上春树偏偏不信邪，不相信自己写不出名堂来，他的目标就是成为一名小说家。于是，他通过不断阅读，改善写作风格，历时 6 个月，终于写出了《且听风吟》，一举拿下日本《群像》新人文学奖。

获奖后的村上春树，马力全开，更是铆足了劲创作。

他每天凌晨 4 点起床，泡一杯咖啡，吃几块点心，立即投入工作。截至上午 10 点，写完十页，每页四百字，每天的小目标是保持四千字创作。如果只写了九页，实在编不下去了怎么办？不行，作为一种日常，固定要完成的事情，他必须做完。

日本媒体采访村上春树的时候，问他为何有如此强烈的写作欲望。他说当年看过一场比赛，"养乐多"队"菜鸟逆袭"奇迹夺冠，让他看到了未来的希望。那一瞬间，"好像有什么东西从天空飘下来，然后抓住了他的双手，赐予他'写作'的天赋"。他立志成为一名作家，这就是他的写作动力。

当你确立好目标，制订行动计划时，很难预料到以后会经历多少困难。若是心血来潮就按照计划执行，心情不好就找各种借口推脱，那么你的目标永远只会停留在说说而已。只要一直坚持下去，相信时光不会辜负每一个努力的人。一心向着目标前进的人，整个世界都会给他让路。

忠告 3

爱情和婚姻是两个人齐心协力的合作

爱是由两个人共同完成的课题

不论爱情还是婚姻，可以说是一个人对另一半最真实的奉献。爱的表现形式有很多，但其中最重要的一点就是相互合作。

前不久，张爱玲的中篇小说《沉香屑·第一炉香》被拍成了电影，搬上了大荧幕。

故事发生在动荡的年代，女学生葛薇龙从上海逃难到香港，走投无路之下，投靠与家人交恶的姑妈。姑妈为谋私利，将其收入麾下。葛薇龙徜徉于纸醉金迷的社交生活中，对花花公子乔琪乔一见钟情，甘心沦为他人的赚钱工具，游戏于欢场敛财牟利，一步步坠入深渊。

小说原著呈现了一种苍凉之美，刻画了女人在爱情中的卑微形象。

乔琪乔是花花公子，嫁给他迟早会后悔，葛薇龙却说："我爱你，关你什么事，千怪万怪，也怪不到你身上去。"在她看来，爱是一个人的事，我爱你就足够了，至于你爱不爱我，那不关我的事。

爱一个人，就会无怨无悔地付出，不求回报。但如果对方不回应这段感情，无论你付出多少，都不能算作爱情，只是一厢情愿而已。即便一个人毫无底线地付出，也很难让一段感情维持长久。

爱是一个人的事，而爱情是两个人的事。

关于爱情和婚姻的本质，阿德勒曾给出一个概括性的定义："爱情或者是婚姻，可以说是人类对于另一半最真诚的奉献，爱情的表现形式有很多，比如说爱情中的默契，身体上的亲密，或者对下一代的共同养育。我们能够察觉到，无论是爱情还是婚姻，最需要的就是合作。"

阿德勒曾说过"爱"是人生三大课题中最难的一个，因为无论是"一个人完成的课题或者二十人共同完成的工作，我们都接受过相关的教育，但是，关于两个人共同完成的课题，却并未接受过相关教育"。这里"由两个人共同完成的课题"指的正是爱。

在现实生活中，我们或多或少有过单独作业或者与一群人分工协作的经验，但是，我们鲜少有双人合作的机会。爱情的本质就是两个人通力合作，对我们来说，做任何事始终与另一半联系在一起，是一种全新的体验。大多数人头一次接触到如此近距离的关系，会让他们很不习惯。

对此，阿德勒给出的建议是：每一个配偶都应该关心对方更甚于关心自己，这是爱情和婚姻成功的唯一秘诀。

相传，在德国某地区有一种古老的习俗，用来检测新婚夫妻能否获得美满的婚姻。

在宣誓结婚之前，新郎和新娘会被带到一处空地，那里事先摆放着一棵砍倒的大树和一把锯子。这把锯子比较特殊，两端都有把手。这对新人的任务就是用这把锯子将树干锯成两截，通过这个实验，可以看出两个人合作的意愿和程度。

如果他们无法与对方协调一致，彼此之间没有合作的意向，将无法锯开树干，测试最终会宣告失败。如果其中一人大包大揽，决定单独完成，另外一人选择袖手旁观的话，他们的完成时间会很长，而且效果不佳。只有两个人愿意为一个目标共同努力，才能事半功倍。

由此看来，这些德国的祖辈们早就知晓"合作"对于婚姻的重要性。

钱锺书在写《围城》的时候，为了挪出更多的时间创作，向学校请假，减少了教学时间。如此一来，收入缩水，为了节省开支，杨绛辞退了女佣，包揽了家务活。没想到这位妙笔生花的大才女，面对劈柴、做饭、洗衣这样的粗活，也样样都做得来。

钱锺书的母亲夸赞杨绛"笔杆摇得，锅铲握得，在家什么粗活都干，真是上得厅堂，下得厨房，入水能游，出水能跳，锺书痴人痴福"。

钱锺书的堂弟钱锺鲁赞美大嫂"像一个帐篷，把身边的人都罩在里面，外面的风雨由她来抵挡"。

曾有记者问杨绛，才女沦为"灶下婢"是否觉得委屈，杨绛回答："不委屈，因为爱。"

钱锺书在《围城》的序言中写道："这本书整整写了两年，两年里忧世伤生，屡想中止。由于杨绛女士不断地督促，替我挡了许多事，省出时间来，得以锱铢积累地写完，照例这本书该献给她。"

他们的爱是相互的，凡事都为对方考虑，相濡以沫六十多年，令世人羡慕不已。钱锺书对他们婚姻的评价是："遇见你之前，我没想过结婚，遇见你之后，结婚我没想过别人。"

真正美好的爱情，不是单方面的付出，而是双向的奔赴。令人羡慕的婚姻里，往往都有一对优秀的合伙人。反之，爱情不顺、婚姻不幸，都是因为缺乏合作精神。在婚姻的长河中，风景与风险同在，只有齐心协力，才能抵达幸福的彼岸。

爱一个人是一种决心和约定

只要下定决心从此建立真正的爱，愿意面对"由两个人完成的课题"，那么，我们与任何人之间都能产生爱。

"跟不爱的人结婚是一种怎样的体验？"这是在网上看到的一个问题。

很多人觉得会"经常吵架闹离婚""出轨的概率更大"。但是你一定没想到，获赞最高的那条答复，开头第一句竟然是"其实挺爽的"。

答主虽然谈过几段恋爱，但是从来没有过刻骨铭心的爱情，没有体验过电视剧中那种怦然心动，占有欲超强的感情。由于年龄大了，她每天不是忙着去相亲就是在相亲的路上。她的老公是初中同学，但是读书那会儿两人接触不多，也是在相亲的时候遇到的，发现三观一致，谈得来，索性有了结婚的打算。

毕竟结婚是人生头等大事，答主不止一次向男方坦白，对他没有多少感觉。她虽然同意这门婚事，但是希望男方考虑清楚，真的愿意跟一个不爱的人结婚吗？男方觉得相处融洽，感情可以日后慢慢培养。

婚后，二人相敬如宾，家务平摊，凡事都有商有量，从来没有吵过架。他们也会像约会中的男女，一起看电影，一起去旅行，一起打游戏，聊一些有趣的话题。这样的日子非但不枯燥，反而让答主感觉轻松自在，他们像是最合拍的室友，相处起来很轻松。

答主调侃假如上天再给她一次选择的机会，她依然会嫁给他，共度余生。

下面的评论纷纷说羡慕这样的婚姻，甚至称之为梦寐以求的生活。

他们最初或许没有感情，但婚后，两个人能够做到相互理解，竭尽所能地配合对方，拿出自己最大的诚意来经营这段婚姻，生活上相互扶持，精神上无障碍交流。两个人对这段婚姻的满意度都很高。其实，在不知不觉中，他们已经爱上了彼此。

关于爱，阿德勒说过这样一段话："爱并非像一部分心理学家所认为的那样，它不是纯粹或者自然的功能。"坦白地讲，"爱"

既不是命运安排的，也不是自发的事情，我们并不是"被动坠入"爱。

"被动坠入"的爱只是想要获得、拥有、征服某种东西而已，虽然对象是人，但是本质上和物欲无异。阿德勒所说的爱完全不同于此。他一贯主张的是能动的爱，即"主动去爱"，他相信"爱"可以在意志力的作用下从无到有慢慢培养。

人本主义哲学家弗洛姆也说过类似的话，他说："爱某个人并非单单出于激烈感情，这是一种决心、决断、约定。"他还说过："爱是明明没有任何保证却依然会发起行动，抱着自己如果爱的话，对方心中也一定会产生爱这样的希望，全心全意地自我奉献。"他提倡"主动去爱"，不需要别人做出担保，只管大胆地去爱。

提到结婚，每个人都渴望能和心爱之人步入婚姻殿堂，白头偕老。可在现实生活中，却有不少人因为各种原因而选择跟不爱的人结婚。单从离婚率来看，自由恋爱的离婚率反而比相亲结婚的离婚率高。这充分说明，日久可以生情，爱是可以通过后天培养的。

所谓与不爱的人结婚，并非是讨厌对方，说白了就是"不来电"。彼此不是对方的最爱，而是在最合适的时机出现的人。既然双方在自愿的条件下选择结婚，起码对彼此有一定的认可，觉得这个人"差不多"，愿意跟对方过日子，对未来怀有憧憬。

阿德勒认为相遇的形式如何都无所谓。结婚不是选择"对象"，而是选择自己的生活方式。只要下定决心从此建立真正的爱，愿意面对"由两个人完成的课题"，那么，我们与任何人之间都能产生爱。

这不是虚无主义，而是现实主义。如果在婚姻里吝于付出，唯恐自己吃亏，就算是跟有激情、"来电"的人结婚，结局也多半不幸福，照样吵架、出轨、离婚，过得鸡飞狗跳。反之，只要你愿意"主动去爱"，关心对方，考虑别人的感受，即便与"不来电"的人结婚，婚后也能培养出感情，一样可以琴瑟调和，地久天长。

阿德勒形容婚姻像两个人在跳舞，你需要做的就是牵起对方的手，配合着对方的脚步，不停地跳舞。不要躲在角落里观望，也不要去设想未来会如何，只关注此时此刻的幸福。当我们认真跳舞，并且跳得投入和谐时，那舞出的一条长长的轨迹，就可以称之为"命运"。

茫茫人海，能够和相爱的人"执子之手、与子偕老"实属不易。爱而不得的人很多，如果与不爱的人结婚，请善待那个陪你共度余生的人，这是责任，是决心，是约定。结婚可以稀里糊涂找个人，但是经营婚姻就是一门技术。你应该做的只有一件事：牵起身边人的手，投入地跳舞吧。

不存在"命中注定的人"

我们不要去追寻"命中注定的人"，而是建立起可以称得上命运的关系。

近年来，随着偶像剧热播和霸道总裁文的受捧，越来越多的女性患上了"灰姑娘情结"。梦想自己能找一个有房、有车又有地位的男人，最好是能够嫁入豪门，认为这样才能获得幸福。把剧中帅气、多金的男主角当成择偶标准，等待对方带自己脱离苦海。她们对平凡的恋爱提不起兴趣，只期待浪漫的邂逅。

每个女性都想找个如意郎君，远离痛苦，让日子过得轻松，这点无可厚非。但是，这个世界上哪有那么多机缘巧合，让你遇到满足一切奢望的人，恰好这个"命中注定的人"也深深爱着你。生活不是电视剧，不可能按照你设定的剧情走。

阿德勒就认为"命中注定的人"根本不存在。当事人通过想象，虚构一个过于"理想化的对象"来回避与现实的人交往，这才是慨叹遇不到命中注定之人的真实面目。他们分不清梦幻与现实，认定幸福会不请自来，他们时常在想："只要遇到命中注定的人，一切都会好起来，幸福也会如期而至。"

年轻男女为什么在恋爱中追求"命中注定的人"呢？为什么对结婚对象抱着不切实际的幻想呢？究其原因，阿德勒认为是"为了排除一切候选人"。

即使是工作忙碌的上班族，在去公司的路上、逛超市时，或者参加朋友聚会时，都会遇到一些人。只要不是足不出户，每天都会遇到形形色色的人，其中当然不乏单身的异性。

明明很多异性摆在眼前，或许也有看上眼的，有机会促成一段感情。他们却找各种理由推脱，说什么"真命之人"不是这个人，并自欺欺人地认为"一定还有更理想、更完美、更有缘分的人"出现，根本不想进一步发展关系。

对自由恋爱步入结婚殿堂的人来说，回忆往昔，会觉得和对方的相遇相知冥冥之中早有定数。但是，实际上只不过是你愿意相信这是命运的安排。"命中注定的人"是不存在的。"爱"并不是虚无主义，而是现实主义。

要从普通"相遇"发展成某种"关系"的话，双方光有好感是不够的，还需要拿出勇气，与对方互动起来。如果一味地沉迷于"命中注定的人"，等待奇迹的发生，恐怕只是蹉跎了岁月，与爱情失之交臂。

阿德勒教育我们不要去追寻"命中注定的人"，而是建立起可以称得上命运的关系。

王小波与李银河刻骨铭心的爱情故事感动过无数人，至今仍被许多人奉为经典。看过《爱你就像爱生命》的读者会折服于王小波那甜得发腻的情书表达，他每每以"你好哇，李银河"开头，字里行间充满了罗曼蒂克。

这样一对用灵魂相爱的情侣，很多人以为他们是一见钟情。然而，事实并非如此，在他们认识之初，李银河对王小波完全不来电，根本没把他当回事。

有一次，李银河无意间看到手抄小说《绿毛水怪》，被里面的爱情所感动，对作者产生了浓厚的兴趣。结果见到王小波本人时，失望透顶。对方长得实在很"抱歉"，和想象中完全不同。不过，王小波倒是对青春靓丽的李银河一见钟情。

第二次见面，是王小波来还书，结果书在路上弄丢了。李银河想这男人不但长得丑，脑子还不灵光。两个人开始聊天，天南地北无所不聊，当然聊得最多的是文学。正谈着，王小波猛然问了一句："你有男朋友吗？"

那时候，李银河刚跟初恋情人分手不久，听他这么问心里多少有些别扭。没想到，他接下去的一句话把李银河整蒙了，他说："你看我怎么样？"这可是他们第一次单独见面啊！

要知道，当时他们"门不当、户不对"。李银河大学毕业，在《光明日报》做编辑，前程似锦，而王小波是一名普通的街道工人，默默无闻。就连李银河自己都不看好两人的未来，然而面对王小波真挚的表白，李银河还是接受了。

交往不久，李银河就单方面提出了分手。理由是王小波长相难看，不止李银河一个人嫌弃，她妈也觉得他太丑，实在是拿不出手。

听了这话，王小波气急败坏，提笔回了一封"非常刻毒"的信："你从这张信纸上一定能闻到二锅头、五粮液、竹叶青的味道，何以解忧？唯有杜康。你应该去动物园的爬虫馆里看看，是不是我比它们还难看。"后头还有一句话："你也不是就那么好看呀。"

这句话成功地把李银河逗乐了，这人太有趣，两人重归于好。

多年后，李银河在回忆王小波时，说道："我们的生活平静而充实，共处二十年，竟从未有过沉闷厌倦的感觉。"

缘分不是天注定，而是由男女双方努力慢慢构建起来的。只要两个人有心在一起，愿意风雨与共，没有解决不了的问题。即便是萍水相逢，一开始没有感觉的人，当深入了解之后，也能发现对方的闪光点，一样能够产生"爱"，并且靠着这份爱，和和美美地走下去。缘分得靠自己亲手去创造，这样谁都能幸福！

通过"爱他人"才能渐渐成熟，实现自立

为了获得幸福生活，通过爱从"自我"中解放出来，实现自立，在真正意义上接纳世界。

孩子是一种弱小的存在，没办法脱离父母，独立生存。作为性命攸关的生存战略，童年的我们都会选择"被爱的生活方式"，正因为被父母爱着，才能性命无忧。孩子会通过"脆弱"这一威力十足的武器，来牵着大人的鼻子，摸索如何集中他人的关注，让自己站在"世界中心"。

长大成人之后，仍有人通过哭闹，倾诉不幸、伤痛、不得志以及精神创伤等"示弱"手段，引起别人的同情与担心，进而达到支配对方的目的。阿德勒把这种大人称作"被惯坏的孩子"。

为了生存，所有人不得不以"自我"为原点，向外索求爱，将自己放置在"世界中心"。但是，随着年龄的增长，我们不可能凡事以自我为中心，必须对他人、对社会有所关心，只有告别"自我"实现自立，才能与这个世界握手言和。

这里的"自立"既不是经济方面的问题，也不是就业方面的问题，而是对待人生的态度，选择生活方式的问题。阿德勒认为，当下定决心去爱某个人的时候，才能变换人生的"主语"，把"我"变成"我们"，通过爱从"自我"中解放出来，实现真正意义上的"自立"。

爱是由两个人共同完成的课题，既不是利己主义的"我"，也不是利他主义的"你"，而是追求合作共赢的"我们"。由两个人开始的"我们"，会扩散到周围人群，乃至整个社会，这就是"共同体"的感觉。我们通过爱他人能渐渐成熟起来，告别孩童时代的生活方式，以"自立"的姿态接纳世界。

"自立"就是摆脱"自我中心性"，从"被爱的方法"到"爱的方法"，从被爱的生活方式到主动爱他人的生活方式。

《岛上书店》是美国青年作家加布瑞埃拉·泽文写的第八本小说。2015年在中国出版至今，一直位于销售榜前列。该书讲述的是小岛书店老板A.J.费克里通过阅读和爱改变人生的故事。

费克里是一个被命运无情戏弄的人，先是爱妻突然离世，继而书店陷入危机，面临倒闭，再接着唯一值钱的绝版书被人盗走。接二连三的打击，让他的人生陷入僵局，内心逐步沦为荒岛。

费克里意外收养了一个被人遗弃在书店里的2岁小女孩玛雅，他的情感和心理起了很大变化，尝试"爱"别人，原本灰暗的人生开始有了光亮。岛上的宝妈们担心一个单身汉照顾不好孩子，频频来书店探望，让书店生意有了起色。

费克里在照顾生病的玛雅时，无意间翻到了出版社业务员阿米莉娅给他推荐的一本书《迟暮花开》。时隔多年再次翻看，费克里如获至宝，产生共鸣的二人关系火速升温。费克里心底的爱彻底复苏，他开启了一段崭新的情感，在《迟暮花开》作者签售会结束之后，他正式向阿米莉娅求婚。

有了玛雅与阿米莉娅，费克里性格不再像以前那般固执与偏激，书店生意好转起来。他的书单也不断更新，从最初的《待宰的羔羊》到《穿着夏裙的女孩》再到《当我们谈论爱情时我们在谈论什么》。费克里从孤独中走了出来，变得在乎别人，与周围人和解，最终收获了亲情、爱情和友情。

表面上，是费克里救了小女孩玛雅，事实上是玛雅拯救了费克里，把他从人生阴霾中拖拽了出来，让他重新学会了爱，不再封闭自己的内心，也因为爱一个人而爱上世界上的其他人和事。

没有人是一座孤岛，每个人的人生都可以美好而辽阔。不管多么艰难，都要试着去爱，因为有了爱，人生的浮岛终有靠岸时。

以"自我"为中心的人，他的立场是"如果你不爱我的话，我就不爱你"，他只关注别人是否爱他。看似在意他人态度，实则只关心自己。现如今，能满足这种自私需求的人，恐怕只有母亲了。但是我们不是小孩，依赖父母之爱的时代已经一去不复返。只有通过爱别人，摒弃童年的生活方式，才能在爱中获得救赎，完成自立，找到心灵栖息的港湾。生活起起落落，唯爱是真。

忠告 4
人类是无法互相理解的存在，所以只能选择信赖

所有烦恼都是人际关系的烦恼

横向关系是一种平等关系，可以帮助自己解决人际关系的烦恼。

人世间有太多的烦恼，几乎每个人都无法摆脱诸如升学压力、家庭矛盾、感情问题、职场焦虑等一系列琐事的困扰。然而，作为三大心理学巨头之一的阿德勒却说："一切烦恼都来自人际关系。"

阿德勒直接否认了"内部烦恼"，认为一切烦恼均来自"外部人际关系"，源于我们如何看待自己与他人的关系。

相信不少人第一次看见这句话，会急着摇头否认。明明这些苦恼、烦闷是来自我的内心，和他人有什么关系呀？就算有，关系也

不大！显然，阿德勒的观点颠覆了传统思维，需要进一步解读。

先来阐述阿德勒关于"人际关系"的解释。它是更广意义上的人际关系，是指"个人"生活与他人、与社会不可能实现完全意义的"脱离"，作为人类的组成部分，势必与周围人产生关系。

"人际关系"成了一种恒定状态，我们的烦恼中渗入了他人因素，所以纯粹的"内部烦恼"是不存在的。

烦恼源自比较，在比较中处于劣势，会让我们对自我产生强烈的厌恶感，烦恼由此产生。

例如亲戚家的儿子考上了重点大学，而 A 成绩平平，考上本科都难，A 感到升学压力好大；闺蜜交到了高富帅男友，而 B 的男友相对平平，B 心生嫉妒，抱怨自己运气差；在同学会上，不少同学当了老板或者高管，而 C 依旧拿着底层工人的微薄收入，他对未来感到迷茫。

上述三人在升学、情感、职场方面遭受了困扰，都在比较中处于下风，进而灰心丧气，焦躁不已。他们认为，这都是自己的问题，却忽略了"优秀"或者"差劲"是一种"相对论"。是竞争之心，让他们在"人际关系"中产生了挫败感，认为自己是个失败者，烦恼由此产生。

有一些成功者，看起来依旧闷闷不乐，那是因为他拿自己跟行业里的佼佼者做比较，结果可想而知。

《渔夫和金鱼的故事》中的老太婆就是一个典型的案例。她通过金鱼的神力，变成了世袭的贵妇，又变成了自由自在的女皇。但是她仍然不快乐，因为她的目标越定越高，每次都有被别人"比下去"的感觉。

阿德勒曾设想过一种极端的情况——"要想消除烦恼，只有一个人在宇宙中生存"。脱离了"人际关系"，不存在"比较"，也不存在"得失"心理，烦恼自然根除。你也许会想，茫茫宇宙，如果只有你一个人类，想必会很孤独吧。其实，没有其他人，连"孤独"的概念都不会产生，何来孤独感呢？

在《小王子》里面，小王子途经六个星球，每个星球只有一位住客，没有竞争没有嫉妒，同时也没有孤独。

再来看看阿德勒关于"人际关系"的两种分类：纵向关系和横向关系。

"纵向关系"顾名思义就是上下级关系，带有阶级、不平等元素在里面，有一种从高处俯视他人的意味，充满了敌对关系。在人际关系中，"有能力者"会以自己的标准、利益为出发点，来评价他人，通过表扬或者批评操纵对方。在竞争的氛围中，会因为他人的评价丧失自我，形成"自己能力不足"的信念，焦虑、不安也随之而来。

"纵向关系"是阿德勒心理学中坚决反对的。

"横向关系"则提倡人人平等，彼此相互尊重，既不批评，也不表扬。与人相处的过程中要接受彼此的差异，建立平等的关系，这是阿德勒呼吁的一种理想关系。

阿德勒认为，追求优越性是人类动机的核心。健康的人追求优越性，不是为了压倒对方，而是觉得自己有待改善，鞭策自己攀向更高一级的目标。在"横向关系"中，尽管个体表面上有巨大的差异，但是人不再有高低等级之分。大家一律平等，不与任何人竞争，不存在胜负，人际关系的烦恼会大幅降低。

我们应学会自我接纳，达成横向关系。我们虽然无法改变客观事实，但是我们可以从不同角度看待问题，尝试价值转换，这样世界就会骤然改变。

有升学压力的 A，经过努力，考上了一所普通本科学校。B 的男友资质平平，不过两人情投意合，已谈婚论嫁。C 薪水不高，但是很受领导重视，在同事间有威望。

这三人之前处于"纵向关系"中，与他人做比较，显得"差劲"，产生了主观上的强烈落差。如果他们选择"横向关系"看问题，去掉比较者，大家一视同仁，他们并不会觉得自己差劲，不会产生自卑情结，更容易坦然接受自己。

世上没有人是为了满足你的期望而活的

只要对别人有所期待，你就会陷入"现实"与"期待"的落差，变得沮丧、愤怒，甚至指责、攻击对方。你要明白：你只能管理好自己的人生，不要妄想主宰别人的人生。

孩子考试不理想，父母会狠狠教育一顿；老公送的礼物不满意，妻子会埋怨对方；部门业绩平平，领导一脸愁容；老年人想让儿女多陪伴自己，在外打拼的年轻人却选择了忽略。面对种种令人失望的现实，相信各位的心情都好不到哪里去。

对别人有所期待，实属正常。从心理学角度解释，每个人都存在心理惯性，只要自己在意的事情没有按照预期的发展，就会触发负面情绪。也就是说，很多时候我们感到难过、失望，并不一定是自身遭遇了不好的事情，而是我们期望从别人身上得到的结果没有出现。

我们通常会不由自主地对身边的人抱有期待，只要对别人有所期待，你就会陷入"现实"与"期待"的落差，饱受不良情绪的困扰，变得沮丧、愤怒，甚至指责、攻击对方。不管产生哪一种情绪，都会消耗你的能量，让你变得怨天尤人，同时让对方背负心理包袱，活得格外辛苦。稍不留神，还会陷入"期望越大，失望就越大"的旋涡。

出身于书香门第的蒋碧薇，18岁那年为了爱情，不惜与当时还是穷画家的徐悲鸿私奔到日本。她的所作所为在今天看起来不算什么，但是在那个年代，私奔是惊世骇俗的事情。蒋父为了颜面，对外谎称女儿暴毙，并举行了葬礼。

蒋碧薇追随徐悲鸿在国外兜兜转转，日子过得捉襟见肘。在法国巴黎期间，蒋碧薇看上了一件风衣，徐悲鸿知道后，卖画存钱买下那件风衣。那时男人流行戴怀表，蒋碧薇省吃俭用几个月，才给他买了一块怀表。

八年后，他们回国了。随着徐悲鸿的声名远播，生活水平水涨船高。蒋碧薇花钱变得大手大脚，和其他阔太太一样，也在自家办起了沙龙，每每人来人往，热闹非凡。喜欢清静的徐悲鸿渐渐与她有了分歧。

徐悲鸿爱上了年轻的女学生孙多慈，但两人并没有逾越师徒关系。有家有室的徐悲鸿十分矛盾，对妻子坦白了一切，希望蒋碧薇可以帮他悬崖勒马。

蒋碧薇怒火中烧，在她的疯狂报复下，孙多慈在学校待不了，连家也回不得，最后在父亲的逼迫下，草草嫁了人。然而，在手撕"小三"的过程中，两人的感情也走到了尽头，徐悲鸿甚至登报宣布解除关系。

当徐悲鸿迎来第二春，打算离婚再娶的时候，蒋碧薇极为愤慨，她狮子大开口，索要100万赡养费、50幅古画和100幅徐悲鸿画作，否则免谈。那时，蒋碧薇与张道藩暗通款曲，做了他的情妇，但是她丝毫不认为自己过分，根本没打算放过徐悲鸿。面对天价的分手费，徐悲鸿咬牙答应了，他夜以继日地画画，一度累到住院。

蒋碧薇如愿拿到了钱和画，签字离婚，转身抛子弃女和张道藩远走。尽管徐悲鸿与蒋碧薇两不相欠，但是他回忆起这段感情时，始终心情复杂。九年后，徐悲鸿病逝。59岁的蒋碧薇被张道藩抛弃，没有经济来源，全靠变卖徐悲鸿的画为生。

不过，在蒋碧薇的回忆录中，自始至终，只恨徐悲鸿一人。

一段感情，越是在乎，越是心寒。蒋碧薇认为徐悲鸿辜负了她的感情，以至于徐悲鸿做了那么多补偿，她都视而不见，以"受害者"身份自居，对徐悲鸿进行勒索。究其原因，就是徐悲鸿没有满足她的期待。不属于你的，永远留不下！与其不择手段改变别人，不如用心做好自己，让缘分来去自由。

阿德勒指出，"我"可以管理自己的人生，这种认识没有问题。但是，这不意味着"我"能主宰别人的人生。只关心自己的人，从来不会替别人着想，永远把"我"的意愿放在首位，他们甚至会认为，"别人应该优先考虑我的感受"。可是，世上没有人是为了满足你的期望而活的，这种想法迟早会落空。

有求皆苦，无欲则刚。有时候，不是对方不在乎你，而是你的期待太多太重，压垮了彼此。若你以一颗平常心去对待别人，你还会心生怨恨吗?

真正带给你痛苦的并不是那个人，而是你对那个人的期待，是那个期望让你产生了痛苦。廖一梅说："人对他人的需求越少，就会活得越自如安详。"唯一的办法，就是令自己适可而止，当你放下"期待"的那一刻，问题自然迎刃而解。

无法信赖别人，是因为不能彻底信赖自己

信任自己是一种能力，信任别人是一种智慧。

信任是人与人交往的基石，是构筑"交友关系"的必要前提。

信任是彻底地信赖。完全信任一个人，等于掏出真心交出去，不设防也没有顾虑。阿德勒将这种信任概括为"他者信赖"，即无保留地信任别人。相信人人都是我们的伙伴，不把他人往坏处想。只有这样，才能形成认为外界安全的世界观，无所畏惧地去探索

世界。

有关"信任"，需要将其划分成"信用"和"信赖"加以区别。

阿德勒认为"信用"是有条件地相信对方，比如向银行贷款，银行只有在取得不动产等质押物的前提下，才会放贷相应的金额。"信赖"是指相信他人不附加任何条件，即相信"那个人本身"，而不是他所具备的担保"条件"。交友显然不是"信用"关系，而是"信赖"关系。

信任是一把双刃剑，一面是真情，一面是伤害。

多少朋友，因为信赖彼此靠近，又因为失望错失对方。即使怀着满满的诚意与他人交往，"他者信赖"有时也会遭遇背叛，就好比债权担保人承担连带责任一样。托付信任后，当你不想与那个人交往下去时，完全可以亲自斩断关系。这是你的课题，主动权在你的手中。

如果你愿意相信别人，不在乎他人的反应与回馈，继续选择主动信赖，进一步加深关系，那友情或者爱情带来的喜悦就会增加。心是最宽广的地方，可也是最狭隘的地方。如果因为受伤而怀疑一切，带着偏见审视别人，那么与任何人都无法建立起深厚的关系，你将陷入无尽的孤独。

你要明白一件事：别人是否会背叛不是你能控制的，那是别人的课题，我们只需要考虑自己该怎么做。

人心是很复杂的东西，我们根本不可能彻底了解一个人。阿德勒说："正因为人类是无法相互理解的存在，所以只能选择信赖。"

所谓的信赖，就是你做得好不好我都相信你，这不代表我缺心眼，而是我选择相信你。信任别人，归根结底是相信自己的判断，是对自己能力的认同与肯定。只有拥有自信的人，才能给予别人足够的信任。如果一个人连自己都不相信，他又能相信谁呢？

"他者信赖"不仅是一种生活的态度，更是一种自信的表现。当你拥有足够自信的时候，你就会逐渐开始信任别人。

《悲惨世界》是法国文坛巨匠雨果现实主义小说中最成功的一部作品，讲述的是主人公冉·阿让如何从"鬼"变成人，再从人变成圣徒的过程。

故事发生在 19 世纪的法国，伐木工冉·阿让为了拯救挨饿的外甥跑去偷面包，因为这件事入狱十九年。出狱后，他带着"极端危险人物"的黄色身份证，不但找不到工作，还受尽了白眼。他怀着仇恨之心再次犯险，不得不开始逃亡。

冉·阿让走投无路的时候，卞福汝主教接收了他，无条件地信赖他这个陌生人，主教说："您不用对我说您是谁。这并不是我的房子，这是耶稣基督的房子。这扇门并不问走进来的人有没有名字，却要问他有没有痛苦。您有痛苦，您又饿又渴，您就安心住下吧。"

主教让他坐在火炉边，点燃招待贵客的银烛台，拿出美食美酒款待他，还把他安顿在隔壁房间。万万没想到，冉·阿让恩将仇报，半夜卷走银器跑路。

很快，警察逮捕了他。本以为迎接他的将是更严重的惩罚，令人意外的是，主教却有意庇护他，声称那些银器是自己送给他的，替他脱罪。

主教的善良与信赖唤醒了冉·阿让的良知，让他的复仇之路变成了自我救赎之路。他用后半生的时间洗心革面，做出了一系列震人心魄的事迹。

冉·阿让用主教赠予的银器发家，创办了工厂，又因为乐善好施，当选了市长。想起自己曾被主教救助的情景，他对苦役犯展现出无比的信赖，对一名死囚伸出了援手，甚至不惜暴露自己的身份来救助死囚。

随后，他遇到身世凄惨的女工芳汀，为了完成芳汀的遗愿，冉·阿让把她的私生女珂赛特从水深火热之中救了出来，并收养了这个女孩，视如己出。

多年后战争爆发，冉·阿让又成了一名救死扶伤的战地救护者，冒着生命危险救出了珂赛特的恋人。最终，他完成了灵魂的救赎，从堕落的地狱走向了至善的天堂。

世界是公平的，生活以你对待他人的方式回馈你，选择"他者信赖"，别人才会投桃报李。相互信任所带来的舒心和愉悦，不仅能滋养身心，还能彼此成就，成为更好的"我们"。不信任别人的人，是不肯信任自己，才会质疑过去或未来，无法安住在当下。信任自己是一种能力，信任别人是一种智慧。

人生不是与他人的比赛，和自己比才有意义

人生不是为了与他人一争高下，而是与"理想的自己"做比较，不断朝前迈进，超越自我。

生活就像一个竞技场，处处充满了竞争。读书比成绩，工作比工资，开车比牌子，买房比地段，就连玩个微信都要比步数。我们凡事与人争高低，弄得自己劳心费神。阿德勒认为每个人都有"追求优越性"的需求，从进化的角度来看，优胜劣汰是种自然选择，没有优越性就意味着停止进步。

"追求优越性"的需求如此强烈，以至于变成了人的本能。追求优越性没毛病，但是，不少人无法在正常的竞争中取胜并获得相应的优越感，因而会发展出一些异常机制。将竞争对手视为敌人，为了超越他人，不择手段搞破坏以达到获胜的目的，给人一种踩着别人往上升的印象。

曾国藩年轻的时候，在长沙岳麓书院读书，与别人合住一间寝室。房间老旧采光较差，曾国藩为了方便读书，把书桌搬到窗边。不料，室友大为恼火，埋怨曾国藩把窗户的光都挡住了，影响他学习。曾国藩没跟他计较，反而心平气和地问他书桌应该放在哪里。室友毫不客气地指向床边背阴处，曾国藩淡然一笑，把书桌搬过去后，立马专心学习。

考试临近，曾国藩每晚都在用功读书，室友又对他冷嘲热讽，说蜜蜂都是白天采蜜，偏偏有些人喜欢当蚊子，专挑晚上出声打扰别人。曾国藩闻言，没有与其争辩，改朗读为默读。

不久，考试成绩出来了，曾国藩榜上有名，而室友却名落孙山。室友气急败坏地找到曾国藩，指责他把好风水都抢占了，害得他落榜。这位室友三番五次针对曾国藩，实在欺人太甚，其他同窗都看不下去，替曾国藩打抱不平。然而，曾国藩压根就没往心里去，坦然处之。

这位室友把曾国藩视为强劲的竞争对手，在比较中产生了自卑感，他见不得曾国藩比自己优秀，于是处处与他作对，在使坏的过程中，把自己本该用在学习上的精力消磨殆尽。他对别人所有的刁难，最终都回馈到自己身上，算是恶有恶报了。反观曾国藩，他从未把室友当成竞争对手，不与任何人竞争，一心只求自己进步，最终如愿以偿，高中举人。

阿德勒并不赞同与他人竞争，所谓"追求优越性"不是为了与他人一争高下，而是与"理想的自己"做比较，不断朝前迈进，超越自我。他认为所有人都处在同一个平面上，尽管有的人走在前面，有的人走在后面，但是这不意味着领先的人比较优秀，落后的人则相对逊色。关键点在于，大家都行走在同一个平面上。

虽然每个人的年龄、学识、外貌等各不相同，但是大家彼此平等。无论谁走在前面，谁走在后面，都没有关系，不分三六九等。前行不是为了与谁竞争，而是为了让明天的自己比今天更优秀。

太平天国运动是晚清时期规模最大的农民起义，差点把清王朝推翻了。危急存亡之际，一个人的出现彻底扭转了乾坤，这个人就是曾国藩。

曾国藩创立了湘军，剿灭了太平天国，成了晚清名将。不过，曾国藩的戎马生涯可不是一帆风顺的，儒臣出身的他，之前从来没有上过战场，更没有实战经验。早期，湘军对战太平军屡战屡败，被石达开打得溃不成军，气得曾国藩跳河寻短见，还好被手下及时搭救。

曾国藩虽然不善于打仗，但是他善于自省。为何清军人数众多还有先进的武器，竟然完全不是太平军的对手？他没有分析对方有多么强悍，该用何种计策赶超，而是潜心研究己方的薄弱环节，如何才能改善。曾国藩发现清朝正规军都是贪生怕死之辈，根本不敢短兵相接，只喜欢远距离射击。为此，他扬长避短，采取了"结硬寨、打呆仗"的战略。

结硬寨，指湘军到了新地方马上安营扎寨，筑墙挖壕，以守为攻。打呆仗，是一种防守战略，湘军在太平军眼皮底下扎营后，从不主动出击，就在营里待着。太平军来就迎战，太平军不来，湘军继续挖壕沟，以少胜多折腾太平军。

就这样，曾国藩花费了十三年，终于把太平天国这块硬骨头给啃下来了，验证了《孙子兵法》中的一句话："昔之善战者，先为不可胜，以待敌之可胜。"善于用兵的人，先保证自己不被战胜的条件，再等待可以战胜敌人的机会。

真正厉害的人，都懂得厚积薄发的道理，在别人看不见的角落默默努力着，当你足够厉害时，自然会得到想要的结果。

有句话说得很在理："人一旦开始攀比，就注定输了，因为永远有人比你优秀。"与其在竞争中相互伤害，害得自己苦不堪言，倒不如放平心态，认真做好自己。人生漫漫，最终都是和自己赛跑。

一人一生一篇一

人生是一连串的"刹那"，
重要的是"此时此刻"。
任何时候，
人生都是主动选择的结果，
而不是被动接受。

忠告 1
我们赋予生活的意义正确与否，带来的结果将是天壤之别

人生的三大课题

简单来说，人生的三大课题分别是：工作、交友以及爱，每一个课题都离不开人际关系。

人是社会的产物，人的属性与社会的属性相辅相成。社会一旦离开人就不能称之为社会，或许该叫大自然，而人如果完全脱离社会，是无法独立生存的，只有在社会的大环境下才能成为"个人"。这种依存关系，在任何时候都是不可分割的。

阿德勒心理学认为，人生的重要目标是追寻自立，并与社会和谐相处。因此，不得不面对人生的三大课题：工作、交友以及爱。每一个课题都离不开人际关系。

成年后，我们离开父母，独自在社会上打拼，将要面对"工作课题"。为了赚取稳定的收入，我们必须从事某项工作。而无论从事何种职业，都不是单靠一个人就能完成的。即使像钟点工这种单枪匹马的工作，也需要通过客户预约和家政公司共同协作，才能完成。

工作上的人际关系通过"成果目标"来维系，不论是初次见面的陌生人，还是彼此没有好感的熟人，一样都可以合作成功。在职场上结识的伙伴，下班后或者转行后又可以退回他人关系。

"工作课题"中的主角不是劳动行为，而是贯穿其中的人际关系。阿德勒指出，那些不想上班或者讨厌工作的人，本质上只是为了逃避工作方面的人际关系。

除了家人以外，同事可以说是平日里相处时间最长的人了，在单位抬头不见低头见。大多数时候，消耗你能量的不是工作本身，而是工作中遇到的一些人。

职场上，遇到性格不合的同事，吹毛求疵的领导，都在所难免。若你遭受同事的针对排挤，或领导的刁难指责，很容易身心俱疲，产生"我不适合这份工作"之类的想法。有人因为讨厌对方，一气之下提出辞职，断送了自己的职业生涯。可见，一切都是人际关系惹的祸。

交友课题指的是职场之外，更广泛意义上的朋友关系。正因为脱离了工作关系的牵绊，共同话题大为减少，所以就更加难以开展。在学校或职场这种人员集中的场所，比较容易交到朋友，但是多数都是泛泛之交，并没有达到知己的程度。相信许多人都有这样的体会，在成长的过程中，朋友的范围很难扩展到学校或者职场之外。

　　有人说，朋友多了路好走，微信好友动辄上千人，但是，每天能联系的人只手可数。阿德勒认为朋友或熟人的数量没有任何价值，应该考虑的是质量问题，也就是关系的距离和深度。

　　提起"股神"巴菲特，就得说说他的黄金搭档查理·芒格，两人不但有着六十年的友情，而且在赚钱这件事上，他们做到了极致，都是全球顶级富豪。

　　1959 年，29 岁的巴菲特遇到了 35 岁的查理·芒格，两人一见如故，相谈甚欢，很快成了亲密无间的朋友。查理·芒格在巴菲特的建议下，开始涉足投资，彻底离开了律师行业。他与巴菲特携手合作，谱写了一段又一段投资传奇。

　　知己难觅，可遇不可求。很多人表示，现在这世道，就算对别人掏心掏肺，人家也未必真拿你当朋友，倒不如自己一个人活得轻松自在。有些人不敢对人敞开心扉，是如村上春树所说："哪里会有人喜欢孤独，不过是害怕失望罢了。"阿德勒心理学不是改变他人的心理学，而是追求自我改变的心理学。只要你改变心意，随时都能交到好朋友。所以，不要等着别人发生变化，而是要由自己勇敢地迈出第一步。

　　在三大课题中，爱是最难的一个。它包括两个阶段：一个是恋爱关系，另一个是与家人的关系。阿德勒反对"以爱之名"束缚任何一方，一个人只有当能够感觉到"与这个人在一起可以无拘无束"的时候，他才能够体会到真正的爱，既没有自卑感，也没有优越感，维持一种自然平和的状态。

　　好的婚姻关系一定彼此感到舒服，他们平凡时相爱，艰难时相守，患难与共。沈复和芸娘，他们的爱情令人津津乐道二百多年。一个是姿色平平、身世凄惨的"女红达人"，一个是家世普通、半世潦倒的"文艺幕府"。他们都是没有主角光环的芸芸众生，在最好的年纪相遇相知，既有花前月下的美好，也有冬夜奔逃的仓皇。

芸娘被家弟陷害，惹怒了公婆，沈复力挺妻子，一起被赶出了家门。尽管手头拮据不堪，他们依旧捕捉着生活中的小幸福，宠辱不惊。芸娘亲手酿造青梅酒，堆假山，她总能给沈复带来惊喜，让对方感动不已。漫漫人生路，他们把一生的酸甜苦辣过得有滋有味。这种经得住风雨的爱情，感动了无数人。

阿德勒说，一切烦恼源于人际关系。三大课题包含绝大多数人际关系，一旦出现问题，会折磨你的身心。最佳的解决方法就是敢于面对。工作不要拖到最后一刻才着急，与朋友出现嫌隙或与伴侣产生隔阂要及时地消除。否则，一味怠慢，它们将成为一根根毒刺，令人痛苦不已。

童年所处的环境容易孕育出错误的"生活意义"

我们赋予生活的意义正确与否，带来的结果将是天壤之别。正确的意义是生活的守卫者，错误的意义则让人如临深渊。

阿德勒认为，人出生后，就开始对"生活意义"产生兴趣。即使襁褓中的孩子认知能力非常有限，他也想要弄清楚自己具有多大实力，他的实力对周围环境能造成多大影响。

在儿童的成长过程中，身边的大人会为他讲解一些经验，他会转化为独特的视角关注自我和观察世界，每件事情在经历之前都会被赋予不同的意义。

5岁左右，儿童会形成一套固定的行为模式：以什么样的做事风格处理问题。从这个时候开始，他对自己和世界所向往的发展模式已经有了清晰的概念。对儿童而言，这种认知对未来的生活至关重要。

由于儿童缺乏社会经验，且受到原生家庭的影响，对自我和世界的解读难免会发生偏颇。即便长大成人之后，他依旧会采取在童年时形成的处理方式来解决问题。哪怕最初赋予的意义是错误的，给他带来种种不幸和灾难，他仍然不愿轻易改变。

阿德勒曾经接待过一位咨询者——30多岁的男人大卫。他在生活中遇到了很多苦恼。

他没有朋友，虽然他不反感陌生人，但他很难融入人群。他跟别人没有共同语言，不知道该聊点什么，而且他很容易害羞，跟别人说话的时候会面泛潮红，在人前显得畏首畏尾，身边人都不怎么喜欢他。察觉到这一点，他就更沉默寡言了。比起对他人的兴趣，他更关注自己的缺点。

除了不合群，他在工作上也遇到了问题。他总是担心自己的业务能力不足，精神时刻处于紧绷状态。虽然他工作很卖力，但是表现得神经兮兮，反而在职场上处处碰壁。

看来他在"交友"和"工作"两大人生课题中的表现，都不尽如人意。至于恋爱课题，他处理得也是一塌糊涂。

他一方面羞于接近异性，另一方面却强烈地渴望被爱。所以他一会儿跟这个女人谈恋爱，一会儿又跟那个女人搞暧昧。可是，他不相信有人会真的爱上他，对女人充满了戒备。他脚踏两只船，只是贪图两个姑娘给予的温存罢了。

了解一番过后，阿德勒勾勒出了大卫对生活的定义。他有强烈的自卑心理，对陌生人和新的环境都充满了戒备和不安，无法融入其中，表现为过于紧张。他很想获得成功，同时又害怕失败。他犹如身处迷雾之中，不确定前进一步是海阔天空还是万丈深渊，所以，显得犹犹豫豫，裹足不前。

随后，大卫回忆了小时候家中的情况。他是家中的长子，原本是父母关注的焦点。可是 5 岁那年，弟弟的诞生轻易夺走了他的统治地位，父母因为照顾弟弟而忽视了他。大卫也曾向妈妈撒娇，寻求关注，企图回到以前的地位，但是，妈妈在抱起他的一瞬间，如果瞥见了哭泣的弟弟，便会放下他，去哄弟弟。

在不知不觉中，他变得不愿亲近父母，总觉得弟弟比自己更讨人喜欢。这种想法就像种子一样，在他的意识里生根发芽，他会刻意地把一些小事无限放大，用来证明别人比他更受欢迎。

毫无疑问，大卫对生活赋予的意义是在四五岁的时候形成的。至于他是如何确立生活意义的，绝非几句话可以概括。但是生活的意义确实存在，而且影响孩子的一生。

他之所以在外人面前显得拘谨，是因为他过于在意别人是否比自己更容易获得友谊。在爱情方面，他无法信任异性，过分注意细枝末节，从而破坏了正常的交往。

如果一个人童年时存在生理缺陷，或者遭遇被溺爱、被冷落、被忽视等问题，都容易滋生错误的"生活意义"。犯错并不可怕，重要的是及时地纠正。在错误形成之初进行干预，效果最好。一旦错过良机，事后才想亡羊补牢，恐怕要困难很多。而且除非这种后果相当严重，压得人无法喘息，或者到了山穷水尽的地步，他才会迷途知返，主动寻求改变。

阿德勒同时注意到一个与大卫完全相反的类型——交友广泛，爱情事业双丰收的男人戴维。他同样是家中的长子，但是他却认为自己在父母心目中的地位无人可以替代。小时候，他就具有合作精神，懂得分享，愿意跟父母一起看护弟弟妹妹。他热爱生活，积极工作，敢于迎接挑战，而且有能力克服困难，取得成功。他认为：生活的意义在于寻求合作，并为社会贡献自己的力量。

阿德勒说："幸福的人用童年治愈一生，不幸的人用一生治愈童年。"自童年起，我们赋予生活的意义正确与否，带来的结果将是天壤之别。正确的意义是生活的守卫者，让人受益终生；错误的意义则令人如临深渊，贻害余生。

如果一切都已被决定，我们连做什么的余地都没有，那我们也失去了活着的目的

任何时候，人生都应该是自主选择的结果，而不是被动接受。

毕淑敏有一次非常难忘的演讲经历。有一所很有名望的大学，该校学生以提问尖锐在圈内闻名，令不少学者避之唯恐不及，生怕被问到下不来台。毕淑敏一听来了兴致，愿意接受这些学生的挑战。

演讲当天，礼堂座无虚席，学生们炽热的目光中带着几分若有似无的挑衅。毕淑敏严阵以待，不知道将会面临怎样的场面。果然，到了问答环节，她手边的纸条堆起了厚厚的一沓。

毕淑敏发现提问频次最高的一个问题是："人生有什么意义？请你务必说真话，因为我们已经听过太多言不由衷的假话了。"

念完纸条内容后，台下掌声四起，仿佛所有人都在叩问这个终极问题："人生到底有何意义？"

毕淑敏坦言，这个问题她在西藏阿里白雪之巅，反复问了自己很久，现在她可以公布这个答案了，那就是："人生没有任何意义！"这句话超乎所有人的意料，一时间会场变得鸦雀无声。紧接着她说道："但我们每个人都要为自己的人生确立一个意义。"

顿时，全场响起了雷鸣般的掌声，久久没有平息。

我们从小到大被家长、被老师灌输过很多版本的"人生意义"。

在毕淑敏看来，别人强加给你的意义，无论正确与否，都不能转化为自己的内在动力，更不可能让我们为之奋斗终生。所以，活在框架之中的人生，都是毫无意义的。阿德勒也提出："并不存在普遍性的人生意义，人生意义是自己赋予自己的。"任何时候，人生都应该是自主选择的结果，而不是被动接受。

曾经有一份调查报告显示：刚出校园步入社会的人最为迷茫。

他们以前的目标很单一：考个好成绩，上个好大学。可是面临择业问题就显得相当迷茫：是去大城市，还是回家乡？是考公务员还是进企业？是去老牌国企还是新兴民营企业？哪个更有前景？

迷茫的背后，是因为我们在成长过程中太习惯于被安排、被规划，按照父母、学校的指令亦步亦趋，几乎丧失了主动选择人生的能力。

活得像提线木偶，人生仿佛受无数条看不见的线引导，向着一条固定的轨道前进。就像一出剧目里的角色，所有的舞步都是被编排好的，没有任何超纲的动作，也不需要自由发挥的余地。这种虚空的感觉，让人找不到真实的自我。

阿德勒认为，一个人的主观能动性对人生具有非凡的意义，人生之所以精彩纷呈，就在于它的多重选择性。每个人都应在选择中成长，应该亲手为自己的人生绘制一张有意义的原创图，而不是凡事按照别人的意愿，一再复制、粘贴，成为一张随处可见的高仿画。

但是，在大部分人的成长过程中，自主选择似乎是一种奢望。

在电影《恶棍天使》里，职业讨债人小混混莫非里，误打误撞遇上乖乖女查小刀，性格迥异的两人不打不相识，不但擦出了爱情火花，还找到了各自的人生意义。

查小刀是一个智商超高的"学霸"，性格古板。做会计期间查出虚假账目，当众揭发，她本来想向老板邀功，却不料被公司开除了。失业后，查小刀心灰意冷地走在街头，开始怀疑自己有心理疾病。

在单亲家庭长大的查小刀，一直顺着母亲的安排生活，出国留学，进入大公司。母亲把她的一切都计划好了，她只需要按照"流程"行进就能一路凯歌。除了学习能力出众之外，查小刀在情感和性格方面都有所欠缺，不懂人情世故，无法融入社会。

查小刀主动放弃了国外的工作，想改变一下自己，这直接激怒了争强好胜的母亲，她觉得女儿挑战了自己的权威，一气之下断绝了母女关系。

查小刀有病乱投医，遇上了"神医"折耳根，被骗光了积蓄。因为没钱支付剩余的治疗费，在"神医"的忽悠下，她与莫非里组成搭档一起讨债。一个胆小怯懦，不敢逾越规矩半步，一个嚣张跋扈，脑中有无数小聪明，两个欢喜冤家行走江湖，惹出一系列啼笑皆非的事。

在莫非里的带动下，查小刀不再畏首畏尾，第一次有了自己的主见，她要帮助农民工老丁讨回被拖欠的工资。两人在默契配合下，运用智慧和勇气惩治了黑心老板，为农民工讨回了公道。

此时的查小刀早就知道自己被"神医"骗了，可是却和恶棍结下了深厚的感情。她说："这辈子都没有像这几天这么痛快！"她意识到，从小到大从未体验过做自己，总是被动地选择人生，结果让自己走进了死胡同。她感慨"我们总是向别人讨债，其实欠自己的最多"，即使是父母，也不能掌控子女的人生。往后余生，她要自己选择，大胆做回自己。

在莫非里的鼓励下，查小刀吐露心声，化解了与母亲的隔阂。在查小刀的帮助下，莫非里的失眠症彻底治好了。他们性格互补，所以在一起发生了神奇的反应，他们就是对方的"良药"，最终"治愈"了彼此。

小时候，父母最常说的一句话是"你要乖，要听话"；上学了，老师最喜欢说的是"用点功，一定要考上好大学"；毕业后，身边呼声最高的是"找一份稳定的工作""找个条件好的老公 / 老婆"。当你实现了这些既定目标，过上了别人羡慕的生活，忽然之间，你会感到生活了无生趣，于是开始怀疑人生，这一切真的是自己想要的吗？

人生路漫漫，总会遇到一个又一个十字路口，任何时候都需要我们自己来选择，来决定未来的人生方向。生活是自己选择的，决定也是自己做出的，只有自己掌控的人生，才会产生真正的归属感与安全感。

正如阿德勒所说，人生的意义需要自己赋予，一切遵从自己的内心，否则毫无意义。如果一定要在人生的列表中做选项，我最不希望看到的是被安排好的人生。子非鱼，永远不会知晓鱼的快乐。一种人生再好，不是自主选择的结果，也未必适合你。

重要的不是被给予了什么，而是如何去利用被给予的东西

不要一味地关注"被给予了什么"，而是应该将精力放在"如何利用被给予的东西"这一点上。

如果一个人顶着众多头衔——橄榄球明星、战争英雄、乒乓球外交大使、亿万富翁，世人会理所应当地认为，这位传奇人物的成功离不开"有利"的先天条件：要么背景深厚，要么智商超凡，要么运气极佳。总之，他是被上帝选中的宠儿，起点一定比普通人高。可是事实恰恰相反，上述诸项，《阿甘正传》中的男主角一样都没有。

阿甘出生在美国亚拉巴马州的一个闭塞小镇上，单身母亲靠收租为生。他的智商只有 75，普通学校不愿意接收。不但智商不高，由于脊椎发育不良，走路还需要佩戴金属腿撑。怪异的步伐加上迟钝的头脑，让阿甘在学校受尽了冷眼和欺负。只有一个叫珍妮的小女孩愿意跟他做朋友。

然而就是这样一位输在起跑线上的"傻"孩子，最终却成了社会中的佼佼者。

关于"先天条件"卓越或者平庸，阿德勒提出，"重要的不是被给予了什么，而是如何去利用被给予的东西"。毕竟天资聪颖的人不多，多数人都是处于中等水平。先天"被给予了什么"不是我们能左右的，有的人聪慧，有的人愚钝，有的人擅长运动，有的人

天生残疾，但是"先天条件"并不能决定一个人的成败，关键还得看"后天发展"。我们应该将精力放在"如何利用被给予的东西"上，找到自己的长处，悦纳目前的自己，发挥自己的长处，专注做事。

尽管阿甘不够聪明，但是在母亲的教育下，他充满自信。当珍妮第一次见到他，脱口而出"你是不是有点傻"时，阿甘从容地回答："我妈说'蠢人做蠢事'。"至少在他看来，没有做过傻事的他和别人一样，没有差别，他完全能接纳自己。

为了躲避男生的追打，阿甘在珍妮的鼓励下跑了起来，无意间触发了跑步潜能。凭此特长，他跑进橄榄球队，跑进了大学校门，跑进了军营，还横跨美国四次。不论在橄榄球队，还是在军营，阿甘都混得风生水起。

阿甘的逆袭，除了跟自我接纳有关，还跟专注有关。母亲临终前对阿甘说："我相信你能决定自己的命运，你要凭着上帝所给予的做到最好。"他母亲口中的"上帝所给予的"，与阿德勒提出的"被给予了什么"指代相同，均指阿甘的低智商。正是因为他的傻头傻脑，不允许有多余精力分散到其他事情上，阿甘"利用被给予的东西"，做事情更容易心无旁骛、专心致志。

阿甘在橄榄球队根本不懂技巧，只知道教练告诉他的当球传到手上时，要不停地奔跑。阿甘照做了，一心一意地拿着球奔跑，他成了大学橄榄球主力。阿甘在战场上受了伤，在医院养病期间，接触到了乒乓球。一位病友跟他讲打乒乓球的技巧就是"眼睛盯着球别放松"，阿甘照做了，眼睛始终盯着乒乓球，他成绩斐然，成了中美友好交流大使，到中国参加了乒乓球友谊赛。

有人说"上帝为你关上一道门，就会为你打开一扇窗"。"关上的那道门"每个人都能看见，就是"被给予"的东西。"打开的窗户"是指"如何利用被给予的东西"，未必每个人都能发现，这需要慧眼，更需要智慧。

反观《阿甘正传》中的丹中尉，看似不傻，实则却做了不少"傻事"。他本该战死沙场，却被阿甘从生死线上救回。但是，丹中尉并不领情，因为他自觉打破了军人世家殉职的传统，双腿残废也让他荣誉尽失。丹中尉沉溺于残疾之痛，既接受不了"被给予"的残酷现实，又看不到上帝为他打开的窗户，整个人变得自暴自弃、怨天尤人。

因为一个承诺，丹中尉与重逢的阿甘一同合作捕虾。一场暴风雨过去，他们得以幸存，并赚了第一桶金。丹中尉豁然开朗：身体残疾是不可改变的事实，他依旧有能力对命运做出选择，实现人生价值。他与自己和解了，第一次对阿甘表达了当初的救命之恩。丹中尉消除了心中的怨念，通过"如何利用被给予的东西"发现自己的创业才能，重新找到了人生的意义。

职场上，为何有那么多人缺乏自信？问题在于我们只关注"被给予了什么"，当我们的"资源"远远不如别人的时候，就会产生自卑、焦虑、自我厌恶。我们鲜少思考"如何利用被给予的东西"，因为看不到自身拥有的品质，才陷入被动的局面。

忠告 2
认真的人生"活在当下"

过多的自我意识，反而会束缚自己

过度在意"他人怎么看"，实际上是只关心"我"的自我中心式的生活方式。唯有放弃对自己的执着，不在意别人的评价，不害怕被人讨厌，不追求被他人认可，才能找回真实的自我。

在人际交往中，察言观色作为一种重要的社交能力，被广泛运用在职场和亲密关系中。适度的察言观色，可以增进人与人之间的感情，让交往变得更加顺畅。但是没有原则和底线，压抑自己的情绪和需求，一味地去迎合别人，则会演变成不懂拒绝的"讨好型人格"。

许多人表示自己有同样的感受：在人越多的场合越不敢发表自

己的想法，在公司开会的时候，压根就不敢举手发言。担心自己的想法被人嘲笑或者瞧不起。即使心里有不错的建设性意见，也会选择三缄其口。

情况还远不止如此，在朋友组成的"小团体"中，他们也不敢发表真实想法，甚至都不敢在人前开个小玩笑，害怕说错话被视为"异类"，遭到朋友的排斥，陷入孤立。

他们敏感、自卑、多疑，渴望得到别人的认可，极为在意别人的眼光和评价。如果有人不喜欢自己就会感到焦虑，且愿意为了取悦他人而贬低自我。阿德勒认为这类人拥有"过多的自我意识，反而会束缚自己"。他们被强烈的自我意识所牵绊，严重制约着自己的言行，根本没办法无拘无束地与人交往。

有人提出反驳，"讨好型人格"怎么会是自我意识过剩呢？如果说"自恋者"时刻关注自己，倒还容易理解。

"讨好型人格"没有自我边界，对于他人提出的请求，他们不懂拒绝，甚至把别人的要求放在第一位。对于关系的维系，他们不相信通过正常途径能让别人喜欢自己，所以，他们会逼迫自己去做讨人喜欢的事。这种行为有时候会被人误解为"善意"的举动，但这和"他者贡献"不一样，他们在做好事的过程中无法获得满足感，只是觊觎他人的认可。

在"讨好型人格"的人眼中，如果因为现实原因不能帮到别人，让别人遭受了拒绝或是失望，他们会觉得这是自己的错，陷入深深的自责和自我厌恶，心理上产生很大的困扰。

阿德勒指出，过度在意"他人怎么看"，实际上是只关心"我"

的自我中心式的生活方式。这并非是"自恋者"的专利，在自我厌弃的现实主义者身上也会有所体现。一些人正因嫌弃自己，所以才会关注自己，正因极度缺乏自信，所以才会自我意识过剩。

一味地讨好他人，忽视自己的感受，正常人很难想象"讨好型人格"活得有多累！

日本短片《态度娃娃》讲述了一个"讨好型人格"女孩艾莉为了迎合别人，除了微笑什么都不会，最后丧失了自我的悲剧。

艾莉从小到大总是努力保持微笑，过度在意别人的评价，习惯性地体谅别人。她信奉只要以"微笑"示人，就能与别人和谐相处。

小时候，熊孩子打碎了她的鱼缸，心爱的金鱼掉在地上死掉了，她却始终微笑着说，"没有关系，再买一条就是了"。可是，在埋葬金鱼的时候，她却独自流泪，黯然神伤，这才是她的真实表情。

她期待融入群体，总是把悲伤隐藏在笑容背后，以为这样就能获得他人的喜爱。慢慢地，她变得除了微笑以外，不会表达任何情绪，大家夸赞她"人真好"，她收获了一堆好人卡。

直到某天，艾莉发觉自己面部僵硬，敲起来砰砰响，好似戴了一张微笑"面具"，她赶忙去询问身边的朋友，大家却都没有发现她有什么异常。

艾莉垂头丧气地顶着这张微笑脸走在路上，竟然被星探相中，认为她的笑容非常"治愈"。经过一系列包装，艾莉成为炙手可热的大明星，她的标志性微笑火遍了日本。

艾莉以为成名后会带来快乐，没想到，大家只关注她的"微笑"，让她更不敢表达其他情绪，反而变得更孤独了。她想找姐妹们倾诉，对方明明与她在同一家咖啡馆，却纷纷谎称没有时间。这群人在背后议论艾莉，说她只会傻笑，压根就不想和她做朋友。原本属于艾莉的位置，被另外一个戴着微笑面具的女孩所取代。

艾莉意识到，拼命迎合别人非但得不到关注，反而失去了自我。她开始厌恶这张微笑脸，想要还原真实的自己，可是用尽一切办法，也撕不掉这张假面。

在全国巡演的舞台上，艾莉受到鼓励，决定找回自己。她用话筒狠狠敲碎了自己的"面具"，可是，面具之下却如黑洞一般，空无一物。

原来，她早在一次次迎合中，永远地失去了自我。

事实证明，委曲求全根本不会结下真正的友谊，只会让人丧失独立思考的能力，甚至把自己的人生，困在"顾及别人想法"的旋涡里。究其根源，是害怕被人讨厌，害怕在人际关系中受伤。

有人曾说，一个人的成长过程就是他成为他自己的过程。每个人只有为自己而活的时候，才是最有力量的。

每个人的一生最幸福的部分，就是遵从己心，不断地成为自己。

拥有"讨好型人格"的人，唯有放弃对自己的执着，不在意别人的评价，不害怕被人讨厌，不追求被他人认可，才能找回真实的自我。活着，我行我素才是最美的姿态，我们从来都不必刻意地去讨好任何人。

人生是一连串的"刹那"，重要的是"此时此刻"

看似线形的人生其实是由连续的刹那组成的，我们应该聚焦"此时此刻"，努力做好现在能做的事情。

提到人生规划，不少年轻人志向远大，他们梦想成为企业CEO，迎娶白富美，从此走上人生巅峰。他们认为，那时候人生才真正开始，目前的苟且生活不能叫作"人生"，只能算是准备阶段，是通往人生之路的"临时"状态。

为此，他们（或者他们的父母）可能很早就开始规划，要读重点高中，考取名牌大学，进入知名企业，拥有美满的家庭。似乎顺着这条轨迹走，人生就可以很完美。

但是，成功人士毕竟只是少数，对于能力不足、经济实力不强或者运气不佳的年轻人来说，他们仅能走出有限的距离，便偏离了设定的轨迹。那他们的人生就此中断了吗？这种情况下，人生又该如何定义？

怀揣高远人生目标的年轻人无疑是把人生想象成了一条线。降生的那一刻是起点，为了抵达制高点"目标"会形成风格迥异的人生轨迹，最终在岁月的长河中迎来人生落幕。持有这种想法的人，会认为人生中的绝大多数时光都浪费在路上。

阿德勒持有的观点是：不要把人生简单地理解为线形，而要看作无数个连续的"刹那"。用圆珠笔写字的时候，笔端的小圆球会在纸上滚一周留下印记，每个字都是由无数个点组成的。人生也是如此，线一样的人生其实是由一连串的"刹那"组成的。

我们就生活在"此时此刻"，能把握住的人生也只有当下。即使先天条件得天独厚，我们的人生也不会是一条直线，每一个脚印同样不可能刚好落在规划里。只有聚焦"此时此刻"，做好目前能做好的事，才有能力迎接新的机遇。

无数事实告诉我们，脱离"线"一样的人生，中途偏离轨道，中断原有规划，并非是一件可怕的事情。只要我们用心对待每一天，同样可以取得成功！

再次回到人生规划这个话题，大多数情况下我们是做了规划，实际上却没有按照规划去执行。设立了一个宏大的目标，却不知千里之行始于足下，一拖再拖，最终会导致一生碌碌无为。

阿德勒强调人生是连续的"刹那"，根本不存在过去和未来。聚焦"此时此刻"，认真地活在当下，这才是生活的真谛。

关注过去毫无意义，即使过去很糟糕，你也无法重来一遍。过度关注未来，你很可能会忽略眼前的风景。

不少职场新人怀揣着美好的梦想，盼望有朝一日飞黄腾达，认为"此时此刻"只是忍受阶段。如此一来，大多数时光对他来说都是单调且乏味的，他享受不到沿途的美景，只着眼于一个遥远缥缈的未来，而不肯专心于当下的生活。领导布置的工作敷衍了事，不愿付出，不想努力，业务水平毫无长进，升职加薪从来与他无缘，最后活得浑浑噩噩。

　　或许你此刻没有设定宏大的人生目标，但是，只要你不辜负每一个当下，认真活在每一个瞬间，对每一件事都如真爱般执着，你的未来将不可限量！

任何人都能有所成就

　　尽管一个人存在某种生理缺陷，但是只要他敢于面对困境，克服自卑并培养出自信，他必将有所成就。

　　人体所有的器官都有明确的功能。例如眼睛负责视觉，耳朵负责听觉，而舌头则负责味觉。倘若某个器官出现缺陷，人体就会采取某些特别的方式来弥补这种缺憾。比如，盲人的听觉和触觉会格外发达。个体具有顽强的生命力，面对外界的种种考验，总会想方设法地适应环境。

　　阿德勒从中发现了一条有意思的规律：一个人如果某个器官出现缺损，他就会利用补偿作用，把缺损器官的功能与其经验连接起来。举例来说，身体羸弱的人对运动很有兴趣，肠胃不好的人对食物格外在意。器官缺陷或许是激发出个人兴趣和确立人生目标的源头，通过后期的培训，这份兴趣很可能贯穿个体的一生。此外，如果这份兴趣能激发有益的人生目标，对个体来说更是意义重大。

　　在奥地利维也纳，有一个患佝偻病的小男孩，他无法像其他人那样自由活动，因此，他常被小伙伴嘲笑，渐渐地，客观的身体缺陷转化为精神上的自卑感。这时，他的人生面临两种选择：一种是忍受肉体上病痛的折磨，同时精神上被自卑感摧残，最后可能会在抑郁和苦恼中结束生命；另一种是对于自己的病痛，愿意用建设性的态度做补偿。为了消除自卑感，他对医学产生了极大的兴趣，立志成为一位医生。不过，他最后成了一位心理医生，并取得了卓越的成就——这个人就是阿德勒本人。

阿德勒之所以提出器官缺陷的理论，与他的成长背景有很大关系。生理缺陷不但会带来诸多不便，还会带来外观上的差异，但是阿德勒强调，造成自卑的根本原因并非器官上的缺陷，而是随后引发的环境适应不良。而这也是教育的契机，如果能通过教育来训练残障人士适应社会及自身的器官缺陷，那么缺憾也能变成闪光点。

1880 年，海伦·凯勒出生于美国的一个小镇。这个小女孩还没来得及欣赏大自然的风光，便在 1 岁多的时候被一场疾病夺去了视力和听力。此后，她只能生活在黑暗、寂静的未知世界中。7 岁时，家里为她请来了一位名叫莎莉文的女老师，她和海伦特别投缘，在她的悉心教导下，小女孩的命运被彻底改写。

莎莉文老师教海伦认字，让她能与别人沟通。一天，老师讲到"水"这个单词，海伦怎么也理解不了。为此，海伦还大发脾气，乱摔东西。莎莉文老师并没有生气，她把海伦带到了水井旁，用水管中清凉的水滴在她的一只手上，同时在另一只手上写下"水"字。通过形象的教学，海伦记住了这个单词。

莎莉文老师如法炮制，在家里，海伦摸到什么东西，就在她手上拼什么单词。很快，海伦掌握了这些物品的名称。不过，老师认为，懂得认字不会说话，沟通起来依旧困难重重。海伦虽然又聋又盲，但是她的声带没有问题，只要纠正发音，她完全可以像正常人一样说话。

为了克服这个困难，莎莉文老师找到了盲聋哑学校校长萨勒小姐帮忙。萨勒小姐要海伦把双手放在她的脸上，感受说话时嘴型的变化，然后模仿着发音。尽管过程十分艰难，但是海伦还是学会了说话。

此刻，海伦心中的自卑感逐渐减弱，她萌发了一个信念：她要通过学习，成为一个有用的人！

海伦以超人的毅力先后学会了英、法、德、拉丁、希腊五种语言，并以优异的成绩考上了哈佛大学。她在 21 岁时出版了自传小说《我的生活》，轰动了整个美国文坛。此后，她将毕生的精力和满腔的热情都投入到了盲人和聋哑人的公共事业中，晚年荣获了"总统自由勋章"。

从个体心理学角度来看，遗传虽然是造成先天性器官缺损的主因，但是残障不一定会扼杀一个人生活和成就事业的机会，起决定性作用的是个人面对缺陷的态度。那些有生理缺陷的人在克服困难的同时，奋力一搏超越了自卑感，将内在的巨大潜能激发出来。人类许多伟大的发明，正是由这些有先天缺陷的人缔造出来的。虽然他们有的一生与疾病相伴，有的英年早逝，但他们的贡献是有目共睹的。

阿德勒主张"任何人都能有所成就"，这是一条平等的箴言。尽管一个人存在某种生理缺陷，但是只要他敢于面对困境，克服自卑并培养出自信，他必将有所成就。相比之下，有些人虽然四肢健全、身体健康，但是他们却好吃懒做、不思进取，这才是最可怕的精神缺陷。

人生没有那么多苦难，是你自己让人生变得复杂了

改变就有希望，付出行动一定会得到相应的结果。世间万物都遵循这个简单的道理，只要勇敢迈出改变的第一步，自然会有开花结果的一天。

你有没有这样的经历？羡慕别人身材好，羡慕别人口语棒，羡慕别人工资高……为何别人的生活多姿多彩，自己却显得黯淡无光？每次想要做出改变，结果次次都被自己的拖延打倒。

闺蜜向我"吐槽"："聚会上，那个谈吐优雅，妆容精致的人总是闪闪发光，一下子就变成了全场的焦点，交朋友易如反掌。职场上，有些人总是抓住一切机会表现自己，越露脸，得到关注的机会就越多，升职加薪跑不了。这些人，就是挡在我们成功之路上的敌人。"

我说："如果你愿意做出改变，这些你也可以做到。最大的敌人不是别人，而是你自己！"

闺蜜叹了一口气："改变谈何容易啊。"

也许你也有这样的经历，每个跨年夜都信心满满，充满憧憬地对自己说：新的一年我要有所改变，有所收获，成为更好的自己。然而，年复一年，同样的计划塞满了整个抽屉，可计划还一直停留在纸上。

每个人都渴望成长为更好的自己，可是很多人却迟迟不肯做出改变。我们总是用"我不会""太难了""好麻烦"之类的借口把自己打回舒适区，在自我否定中蹉跎岁月，在人生低潮中随波逐流，只能眼睁睁地看着别人成功。

阿德勒说："人生没有那么多苦难，是你自己让人生变得复杂了。其实，人生单纯到令人难以置信。"那些认为人生非常复杂的人，总在不停地为自己的人生设限，哪怕是陷入困顿，撞得头破血流，疼痛难忍，依旧理所当然地断定：这也做不到，那也成不了。这些人死守在原地，始终跨不出改变自己的第一步。

其实，人生哪有那么复杂？是你的主观思想太复杂，故而很难获得幸福。

千里之行，始于足下。改变的第一步，就是让自己离开原地。这个改变虽然微小，但是它的意义重大。正所谓万事开头难，只要你走出第一步，剩下的阻力会减小很多。

阿德勒的"目的论"一再强调"人可以改变"，人们时常根据自己的目的或者目标选择自己的生活方式。

我们之所以无法改变，是因为我们不断地下定"不要改变"的决心，缺乏选择新的生活方式的勇气，也就是缺乏获得幸福的勇气。

只要怀着摒弃现在的生活方式的决心，迈出想要改变的第一步，全世界都会给你让路。成功需要一步一个脚印走出来，干什么事都要从第一步开始，人生亦是如此。

阿德勒在《理解人性》中记录了一名"不肯改变"的男性患者，人生对于他好比一场劫难，漫天的绝望席卷着他，他每天都活在无尽的痛苦中。

这名男子家境优越，不过因学业不精，仅做了一名普通小职员。他对这份工作不满意，认为自己可以有更好的选择。他一方面想要改变，一方面又止步不前，内心充满了煎熬。家人和朋友的规劝，令他压力倍增，开始酗酒，经常喝得烂醉如泥，工作更不顺心了，他却突然获得了一丝慰藉，终于为失败的人生找到了一个极好的借口。

由于长期大量饮酒，他患上了震颤性谵妄症，被送进了医院。谵妄和幻觉症状很像，不过，它是由酒精中毒引起的。患者会凭空看见老鼠、昆虫或蛇之类的动物影像，也会看见与工作相关的某些幻象。他被院方强行要求戒了酒。

病愈出院后，他不仅丢了工作，还被家人嫌弃，只能靠做钟点工来维持生活。但是，这种不入流的工作很没面子，他的精神压力有增无减，身体又出现了新的状况。他声称看见一个嘴歪眼斜的幽灵在监视自己，这个古怪的幽灵拿他的工作开玩笑。他非常气愤，抓起铁锹扔了过去，本以为铁锹会穿过幽灵，没想到，那个幽灵飞快躲开了攻击，还把他结结实实打了一顿。

很显然，他这次是把真人当成了幻象，混淆了现实与幻境。但是，他声称那个幽灵是真实存在的，它时不时就会现身。于是，他再次入院接受治疗。

关于这一病例，阿德勒做了详尽的分析：成功戒酒对这名男子来说未必是好事。虽然他工作一事无成，但起码还不至于失业，家人对他的指责，他都可以用"酗酒"来搪塞。戒酒后，他不得不面对现实，承认自己缺乏能力，只能做钟点工糊口。

当他身处精神危机时，他没有想着如何改变现状，而是急切地需要一个借口帮忙脱身。于是幻觉再次出现，使他有理由放弃这份既不体面又令人厌恶的工作，借助于幻觉保住了自尊心。这时，他找回了从前当酒鬼的感觉，可以把错误统统推到酒精身上，是酗酒毁了他的一生。

阿德勒认为，一个人既然想有所作为，那就应该大胆地去尝试，改变就有希望，不管最后的结果如何，付出行动一定会得到相应的结果。改变现在的生活方式，或许自主创业，或许另谋职业，总之，可以有所发展。世间万物都遵循这个简单的道理，只要勇敢迈出改变的第一步，自然会有开花结果的一天。

这一简单的事实就摆在面前，但却有人不断地扯出各种"不能做的理由"。一方面心里想要上进，另一方面行动上总扯后腿，精神处于极度矛盾中，这种生活方式岂能不痛苦？这名被幻觉缠身的男子，正是自己把人生变得复杂，所以难以得到幸福。

人生短短几十年，每个人都会遇到大大小小的挫折，考学失败、失业失恋、婚姻破碎、和朋友绝交、与家人反目，甚至身患重病……在人生的岔路口上，我们都需要做出改变。

电影《当幸福来敲门》取材于美国黑人投资专家克里斯·加纳

的真实奋斗故事。

在影片中，克里斯是一名新型医疗仪器的推销员，由于生意惨淡，经济上入不敷出，妻子离开了他。没有钱交房租，他被房东赶出了公寓，只能带着儿子流落街头。穷困潦倒的生活没有击垮他，克里斯决定捍卫梦想，改变人生。他争取到一个在证券公司实习的机会，并努力奋斗成为一名股票经纪人。

其中有一段很值得回味：

克里斯偶遇一名开跑车的男子，他好奇地询问对方是如何成功的。男子告诉他，自己是个股票经纪人，只要精通数字和懂得与人打交道，就能胜任这个职位。克里斯顿时心动了，原来他也有条件成为精英。

回家后，他把自己的想法告诉妻子，他打算从事股票经纪人的工作。妻子嘲笑他怎么不去当宇航员，让他清醒一点，赶紧打电话继续推销医疗仪器。

不过，克里斯并没有听取妻子的意见，他在证券行发现有一家公司在招聘股票经纪人实习生，就毫不犹豫地推开了门，迈出了改变人生的第一步，从此开启了命运之旅。

其实，每个人的生活中都不缺少幸福，缺少的是改变自己的勇气。没有人能随随便便成功，那些能够坚持到最后的人，总能为自己的命运找到出口，创造出属于自己的机会。因此，当你觉得人生复杂，痛苦艰难时，不妨尝试改变自己。别害怕，勇敢地踏出第一步，就算一次不成功，大不了就多试几次。有了开始，我们距离梦想就更近了。

忠告 3
生活的意义在于贡献

所有快乐都是人际关系的快乐

"课题分离"只是人际关系的入口，拥有"共同体感觉"才是人际关系所要达到的终极目标。

人际交往是一个古老而年轻的话题。说它古老是因为自人类诞生之日起，它就如影随形；说它年轻是因为在现代心理学领域中，它又被赋予了崭新的意义。

自打出生开始，人际关系就产生了。先是与母亲建立联系，接着是跟父亲之间有了关系，然后是与家族里的其他成员有了亲属关系。随着年龄的增长，我们从家庭走进学校，又转入职场，步入婚姻，组建新的家庭，出现了与家人以外的其他社会关系。越来越多的人充斥在我们周围，人际关系也越来越复杂。

阿德勒指出个体在社会环境中，不得不面对的人际关系，就叫人生课题。这些课题包括工作课题、交友课题和爱的课题。需要注意的是，"工作课题"关注的对象不是劳动本身，而是蕴藏其中的人际关系。"交友课题"和"爱的课题"以此类推，相比于"行为"，"关系"显得更为重要。

阿德勒心理学的根本原则就是注重人际关系，他认为"一切烦恼都是人际关系的烦恼"。这句话背后也暗藏着"一切快乐也都是人际关系的快乐"这一幸福定义。

人际交往的范围很宽泛，只要是与人打交道都囊括其中。美国著名成功学大师戴尔·卡耐基曾说："一个人事业的成功，15% 靠他的专业技术，85% 要靠他的人际关系和处世技巧。"可以看出，人际交往能力在社会生活中的重要性。

在正常情况下，一个人除了睡眠以外，其余 70% 的时间都花费在与人直接或间接的交往上。不论是家庭关系、朋友关系还是工作关系等，处理得好坏将直接影响一个人的心情。可以说，人们的喜怒哀乐都源于此。

人与人好比不同颜色的绳子，要想缔结良好的人际关系，必须保持适当的距离。太过亲密只会彼此缠绕，对别人的课题妄加干涉，同时，别人也会干涉你的课题。我们要学会把自己的人生课题与别人的课题划分开来，这样才能减少烦恼的滋生。"课题分离"不是为了疏远他人，而是为了解开错综复杂的人际关系之线。

阿德勒心理学认为，"课题分离"只是人际关系的入口，拥有

"共同体感觉"才是人际关系所要达到的终极目标。

所谓"共同体感觉"是根植于所有人内心的一种感觉，就是把他人视为伙伴，而不是敌人，并能够从群体中感受到"自己有位置"的状态。在英语里，"共同体感觉"有"对社会关心"的意思，是判断人际关系幸福与否最重要的指标。

阿德勒说过："在交友的时候，学会用他人的眼睛去看，用他人的耳朵去听，用他人的心去感受。"我们只有在"交友"的过程中，才能尝试着为他人做贡献，不进行"交友"的人，根本无法挖掘出潜藏在内心的"共同体感觉"。

一个人要想获得良好的人际关系，就得拥有阿德勒所说的"共同体感觉"。为此，不妨从"我和你"这个社会的最小单位出发，把视线从自己的身上挪开，继而转变成对他人的关心。

《触不可及》是一部由真实故事改编的电影，一举成为当年法国电影票房冠军。

年轻力壮却浑浑噩噩度日的底层黑人青年德瑞斯，偷盗服刑结束后，为了领取政府救济金，只好假装去应聘，以便完成失业证明。于是，他来到了白人富豪菲利普高薪聘请护工的面试现场。

出人意料的是，坐在轮椅上的菲利普居然相中了一身痞气的黑人青年。身边人不能理解，在诸多应聘者中，德瑞斯毫无护理经验而且还有前科。可富豪看中的是：他没有把瘫痪的自己当作残疾人来看待，而是当作一个需要帮助的朋友。

"帮下我"在英语中是"give me a hand"，德瑞斯正是菲利普需要的那一只手。

两个背景迥异的人相遇了，在接触的过程中，他们逐渐建立了触不可及却牢不可破的友谊。

午夜富豪病发，德瑞斯推他出门。豪富饱受药物副作用折磨的时候，德瑞斯深夜带他去飙车，在街头同享一根烟。在面对警察的盘问时，他们演戏骗警察，蒙混过关后开怀大笑。他们躲着所有人去山里跳伞，为富豪黯淡无光的生活注入了热情。德瑞斯帮富豪克服了瘫痪的自卑，成功与笔友会面，最终抱得美人归。

两人对待生活的不同看法相互影响着对方，富豪喜欢这个陪他玩、陪他疯，甚至拿他"不能动"这件事开玩笑的朋友。面对谦和有礼的富豪，黑人青年也一改以往得过且过的生活态度，他甚至对绘画产生了浓厚的兴趣，在富豪的帮助下，他的画作以高价售出。

随着友情的不断加深，富豪不想让德瑞斯陪着一个病人度过余生，于是更换了护工。在影片末尾，德瑞斯离开之后，选择去寻找新的工作。其后很多年，他们依旧是要好的朋友。

人性的光辉闪耀，不在于他们之间谁为谁付出的更多，而在于，黑人青年从碌碌无为、不求上进到积极对待生活，瘫痪富豪从困顿不堪、毫无希望到坚定理想信念，他们成就了彼此，都在"共同体"中找到了自己的位置。

每个人都是社会的一分子，与别人有着千丝万缕的关系，要想人际关系变得融洽，需要主动面对人际关系课题。不是考虑"这个人会给我带来什么"，而是要必须思考"我能给予这个人什么"，这就是个人对"共同体"的参与和融入。只有付出了，才能在群体中找到自己的位置，为我们带来快乐。

如果一个人认为生活的意义就是要保护自己免受伤害，那么他就会在潜意识里封闭自我

苦难如雨后春笋一一冒出，如果我们因为惧怕受伤，就隔绝与他人的交往，退出社交圈，将自己完全封闭起来，人生之路只会走进死胡同。

一张堆满零食空袋子的电脑桌，一把被衣物填满看不出原型的椅子，还有一张散落着游戏光碟和过期漫画书仅余下睡觉位置的床。简陋的房间混乱不堪，这里是日本男子昆一的"全世界"，他每天都生活在这窄仄的方寸之间。

对于足不出户的昆一来说，这个十几平方米的卧室，可以满足他日常的全部需要。

根据亲戚的回忆，昆一也曾经是乐观开朗的人。高中毕业后，他找了一份翻译英文的工作，梦想着一边赚钱一边考大学，不料意外落榜。之后，他去书店应聘营业员，可惜没做多久就被人辞退，之后他又换了几份职业，但都不长久。一次次求职不顺利，给他带来了巨大的打击。

26岁那年，昆一回到老家躲进房间里，除了打游戏和看漫画，什么也不做，靠啃老为生。他主动把自己与人群隔开，避免所有的社交活动，拒绝与别人接触，除了家人之外，不再与任何人建立"亲

密关系"。在潜意识里封闭自我，只有这样，他才能感到安全。

父母以为他只是一时消极，迟早会走出阴霾。偶尔，父亲会劝他出门找工作，昆一总是敷衍地说："让我缓一缓，等时机到了我会行动的！"为了让自己彻底缓过来，他把自己关进房间，一关就是三十年。

直到父母去世，他都未能走出房间。

由于没有独立生活的能力，昆一只能依靠父母留下的积蓄生活。家里实在没有吃的了，他才肯到附近的超市买食物，而且只能晚上去。这样的生活持续了一段时间，昆一手头的钱所剩无几，他决定静待死亡。

周围邻居压根就不知道有昆一这么一个人，直到闻到了异味报了警，警察这才发现他已经活活饿死在家中。

在日本，还有许多像昆一这样的人。他们中不乏高学历拥有者，还有一些经商成功人士。他们在学业或事业上受挫后，变得一蹶不振，回家过起了"隐居"生活，拒绝与外界有任何接触，这群人被称作"蛰居族"。他们不上学、不上班、不出门，从社会圈子里退出，窝在房间里固守一隅，走上了自我封闭的不归路。

他们的宿命，往往同昆一如出一辙。随着父母的离世，等待他们的只有死路一条。

据不完全统计，"蛰居族"在日本将近有一百万人，这意味着，每一百个人里面就藏着一个"蛰居族"。除了日本，放眼全世界都有他们的身影。在英国他们被叫作"尼特族"，在中国香港他们被唤作"双失青年"，在中国内地他们被称作"家里蹲"。

短暂的逃避现实是可以理解的，因为聚积勇气是需要时间的，但是自我封闭的状态，不同于"积极的独处"。

长期与社会脱节，会演变成重度社交恐惧症，从最初不愿与人接触，到后来变得不敢与人接触。哪怕无意间被别人的目光注视，对他们来说，简直好比吸血鬼被太阳灼烧，必须躲回自己的棺材里舔舐伤口。个人能力在离群索居中逐渐退化乃至丧失，陷入极度自我否定的焦虑之中，对身心百害而无一利。

那么，他们为什么要选择自我封闭？

"蛰居族"对生活中出现的失败与创伤给予最大的回避，比如升学考试失败，或找工作四处碰壁，他们由此产生"让自己消失"的想法，像寄居蟹遇到危险缩回到壳里一样，退缩到社会最小的单元——家庭。

人生百味杂陈，事业会遭遇不顺，感情会出现裂痕，就连家人也可能不关心自己，苦难如雨后春笋——冒出。如果我们因为惧怕受伤，就隔绝与他人的交往，退出社交圈，将自己完全封闭起来，人生之路只会走进死胡同。

阿德勒很早就注意到，在遭遇挫折时，人们普遍出现气馁、消极等情绪，整个人生仿佛被灰色的浓雾所笼罩。如果不及时地调整这些负面情绪，任由它发酵，人生将走向毁灭。如果一个人认为生活的意义就是要保护自己免受伤害，那么他就会在潜意识里封闭自我。阿德勒鼓励我们直面挫折，接受自己的错误，把自我封闭姑且看作一种"内省"，在失败中汲取经验，静候拨云见日之时。

《好好先生》改编自喜剧演员、作家丹尼·华莱士的同名自传，由金·凯瑞担任主演，讲述了重度社恐男偶遇生活契机，从人生低谷走向巅峰的故事。

卡尔三年前与妻子离婚后，对生活失去了信心，拒绝一切人和事，把自己封闭起来。他在银行从事贷款工作，谁来贷款他都拒绝，导致五年来一直是基层员工。生活中，他不接朋友的电话，不参与任何的活动，每晚靠看影碟打发时间。就连最好的哥们邀请他参加订婚宴，他都在找理由拒绝。

这样的卡尔意外接触到一家名为"好好先生"的培训机构，培训大师倡导积极对待生活，对旁人的需求说"YES"，作为回报，也将收获到更多的"YES"。卡尔不相信这种洗脑术，大师见他不买账，就和他立下"契约"：从当下开始，他只能说"YES"，不然就会有厄运降临。

此后，卡尔仿佛受到诅咒一般，对别人说"NO"，马上就会倒霉。因为不能拒绝别人，卡尔报了韩语班，学了吉他，当了志愿者，还参加了慢跑运动。他的窗口成为银行最火的一个，每天来贷款的客户络绎不绝。

说"YES"令卡尔的生活发生了翻天覆地的变化，他再次融入人群，好运接踵而来，升职加薪、结交朋友、邂逅爱情。可是，事情没有这么简单，对一切说"YES"的事被女友知道了，她以为卡尔不爱她，只是迫于"契约"不得已而为之。

卡尔去找大师解除契约，大师却告诉他没有什么契约，只是给了他一些心理暗示。

大师提醒他，说"YES"的目的是让人敞开心扉，让他对别人说"YES"，不是因为他必须这样做，而是让他发自内心地接受别人。

卡尔恍然大悟，相遇是起源于"YES"，但是相爱不是，他与女友和好如初。最后，他们一起去做了志愿者，对生活充满了热情。

曾经的卡尔代表着当下一部分年轻人，他们因为心理阴影或者其他伤痛，对任何人和事都失去了兴致，把自己的内心封闭起来。对他们来说，唯一的解决方案就是自己敞开心扉，即使一开始对别人是机械式的有求必应，但是慢慢得到了对方真诚的反馈后，很容易打开心结，再次接受他人。这对自我封闭的人来讲，是打破心灵牢笼的契机与希望。

《恋爱的犀牛》中有一段话："大多数人痛过一次就缩起来了，像海葵一样，再也不张开，最后只能变成一块石头。"世界或许曾给你带来痛苦和磨难，然而，请你勇敢一些，不要消极面对，就当是提前走了弯路，可以短期内封锁心扉，但是不要永远关闭。世界以痛吻我，我将报之以歌，苦难也会转变成一笔宝贵的财富。当你愿意爱这个世界，这个世界仍旧美丽，你的生命也会绽放其中。

只要自己做了正确的事，感受到了"贡献感"，就不必在意别人的评价

真正的贡献感不需要依赖他人给予，即使没有人赞美，没有人注意到，也会感受到自己是"有价值的"。

无论在学习还是工作中，我们都渴望得到老师或者领导的认可。

说白了，就是希望听到对方的表扬。这样，我们会认为自己做得很不错，从中体会到"自我价值"，变得越来越喜欢自己。

在赏罚式教育下，"批评式教育"会打击人的积极性，越来越不被世人接受，支持"表扬式教育"的人占大多数。有些教师会毫不吝啬地表扬学生，他们的表扬不是流于表面，而是富于技巧性的，会针对一定的努力或者成果进行表扬。学生受到表扬后很开心，学习积极性提高了，学业也有所进步。就短期效果而言，一切看似是良性循环。

我们为了寻求别人的认可，得到别人的表扬，会刻意努力学习或勤奋工作。但是这里潜伏着一个严重的隐患：如果为一项工作做了很多努力，最后却没有得到任何表扬，那么，你还会认为自己有价值吗？愿意继续为工作付出吗？

会计经理卢咏花了四周时间，用 PPT 文稿为公司年度财务分析做了一份提案。这份报告倾注了他很多心血，里面各种分析图文并茂，甚至连字体大小、底色搭配这些细节都处理得相当到位。卢咏本以为老板看过之后，会对他大加赞扬，然而老板由于性格原因，从不轻易表扬人。卢咏的得意之作，没有得到老板的肯定，这让他耿耿于怀。他感到自信心受损，对热爱的财务工作一下子失去了激情。

一周后，卢咏依旧难以释怀，甚至怀疑自己的能力有问题，不适合干财务工作，应该考虑转行了。

有人认为卢咏的反应过于激烈，但是现实生活中，绝大多数的人都是通过别人的认可来增强自信心，获得价值感的。一旦没有得到他人认可，就会生气抱怨，甚至丧失工作热情，陷入情绪低谷。

阿德勒公然反对赏罚式教育，他认为赏罚式教育是一种"纵向关系"。表扬他人或批评他人，只是"胡萝卜"与"大棒"的区别，其本质一样，都是操纵别人。在赏罚式教育下，为了得到别人的认可，工作的主要目标成了"满足别人的期待"，一味地在意别人的评价，产生了错误的处事方式。

"如果没有人表扬，我就不去做好事"，是先有了希望获得"表扬"这个目的，才开始采取行动。如果得不到任何表扬，会产生愤慨心理，很快对事物本身失去兴趣，以后都不想再做了。

我们为何期待别人的表扬呢？说得再直白一点，我们为何苦苦寻求别人的认可呢？

虽然问题很深刻，但是答案却很简单——每个人都有认可欲求，通过别人的认可，可以消除自卑感，增强自信心，提升自我价值。大众普遍认为一个人要想喜欢自己，就要觉得自己有价值。为此，需要拥有"我对他人有用"的贡献感，而获得贡献感最常用的手段就是得到别人的认可。为了得到别人的认可，我们会先认可别人，认可不同的价值观。通过相互认可，构建起社会需求。

阿德勒心理学否定"认同需求"，如果能够拥有真正的"贡献感"，人根本没必要索求别人的认可。这堪称是一种颠覆性的论调！

贡献感有两种来源：一种是他人给予的，即在他人的表扬和赞美中获得。另一种是自我满足，即自己从所做的事情中获取价值感。

阿德勒认为，如果过度依赖外部，只有通过他人的认同才能体会到自身价值，那它的效果也不长久。就像上了发条的八音盒，如果没有人转动发条，自己就不会发出悦耳的声音。这种人与外界形成了依存关系，会源源不断地索求，处于永不满足的状态。

唯一的解决途径是寻求自我满足。人只有在感觉到我对"共同体有益"（即"我对他人有用"）的时候，主观上认定到我对他人做出了贡献，才能切实感受到自己是有价值的。

如何获得贡献感呢？难道要搞慈善，当志愿者？

答案显然不是这样的。我们不一定要去捐款、献血，做这种明显有益别人的事才能获得贡献感。相反，假如你只是一名普通的建筑工人，那么做好本职工作，保质保量地搞好建设，从中感受到"我对他人有用"，就拥有了自己的价值。这种贡献也可以通过看不见的形式体现，正如"善行无辙迹"，只要能产生我"对别人有用"的主观感觉就可以。

真正的贡献感不需要依赖他人给予，即使没有人赞美，没有人注意到，我们也能感受到自己"是有价值"的。坚持做正确的事，默默地奉献，不要在意他人的目光，停留在自我满足就好。

在更广阔的世界里寻找自己的位置

遭遇人际关系危机，看不到出口的时候，我们不妨考虑"倾听更大'共同体'的声音"这一原则。

近年来，"原生家庭"这个词越来越热。它指的是从童年开始成长的家庭，即父母的家庭，是相对于成年后自己组成的"核心家庭"而言的。一个人的童年经历，特别是原生家庭，对个人性格、行为、心理起着潜移默化的作用，其影响力持久、深远，往往会决定这个人一生的走向。

阿德勒说："幸福的人用童年治愈一生，不幸的人用一生治愈童年。"

原生家庭若是友爱的，孩子就能与人友好相处，原生家庭若是病态的，孩子的身上会留下种种烙印。这些带着阴影的孩子即便长大成人，情况依旧没有好转。在日常生活中，他们缺乏主见，遇到事情优柔寡断；在工作上，他们瞻前顾后，忧虑重重，不能很好地表现自己；在爱情上，他们缺乏安全感，不想谈恋爱，害怕步入婚姻。

知道这个词后，他们光明正大地把"锅"甩给父母。一时间，网络中盛传"父母皆祸害""一个人的家庭就是一个人的宿命"，仿佛原生家庭就是每个人无法逃脱的梦魇，是影响自我实现的魔咒。成年后所面临的问题，诸如性格、事业、感情，都能拐几个弯怪到原生家庭头上。

人本主义心理学家罗杰斯说："好的人生，是一个过程，而不是一个状态；是一个方向，而不是终点。"人生是一个不断破茧成蝶的过程，要知道，决定我们人生方向的，不是原生家庭，而是我们的选择。

《都挺好》是近年来一部引起热议的现实主义题材的电视剧。

苏家父母具有典型的重男轻女思想，女儿苏明玉成了这个原生家庭的受害者。尽管她从小学习优异，听话懂事，却得不到父母的关心与疼爱。父母偏心两个哥哥，卖房子送大哥留学，给二哥找工作，却不愿意为女儿上大学花一分钱，最后安排她去了一所免费的师范学校。

就连吃饭，都是区别对待。两个哥哥有鸡蛋火腿牛奶，而苏明玉每次只有白开水和泡饭。在一个重男轻女的家庭里，女儿从来就没有出头之日。苏母说："你是个女孩，怎么能跟两个哥哥相比呢？我只负责养你到 18 岁，你以后还要嫁人呢。"

家庭的冷漠给苏明玉的成长带来的伤害自然是不小的，既然伤害已经造成，或者说问题已经存在，那怨天尤人，发泄情绪有什么用？应该考虑如何摆脱现状，实现逆袭。不幸的原生家庭也许会让人生之路走得蜿蜒而艰难，但是不妨碍我们获得幸福。

苏明玉骨子里有股狠劲。她 18 岁脱离家庭，掐断了这个家庭对她的进一步伤害。她做好了人生规划，即便是在普通大学，她也要出人头地，努力用实力证明自己。

苏明玉没放弃任何机会，跟着恩师老蒙勤勤恳恳地工作。短短几年，从普通员工一直干到了副总经理，被业界称为"销售奇才"。终于，她在职场上大放异彩，收获了自信与荣耀，活成了一个独立、成熟、强大的人。

原生家庭亏待了苏明玉的前半生，她靠事业为自己赢得了后半生。再糟糕的原生家庭，也挡不住一个人想要改变的决心。

阿德勒提醒我们，当遭遇人际关系危机，看不到出口的时候，我们不妨考虑"倾听更大'共同体'的声音"这一原则。他指出，人际关系的起点是"课题分离"，终点是"共同体感觉"。所谓"共同体感觉"是指把他人视作伙伴，而不是敌人，并在其中能够感受到自己位置的一种状态。

阿德勒在《心智的心理学》中阐述了"共同体"的范围："指目前自己所属的家族、学校、职场、社会、国家、人类，以及包含过去、现在、未来所有的人类，更进一步地说，是包含有生命与无生命的宇宙全体。"

这个概念实在是太宏大了，很难驾驭，阿德勒也称之为"无法达到的理想"。我们可以简单地理解成"共同体"的范围无限大。阿德勒希望我们在遇到人际关系障碍的时候，不要被眼前的"共同体"所限制，要跳出狭隘的范围，意识到自己还属于其他的、更大的"共同体"，例如职场、社会等，我们可以换个地方做贡献，找到自己的归属。

假设苏明玉眼里只看到家庭这个"共同体"，认为家庭就是一切，以她父母重男轻女的思想，她在家这个小"共同体"里不会有地位可言，她不会有任何归属感，也就失去了一切快乐。此时，她需要明白一件事：在"家庭"之外，还有更加广阔的世界。

岸见一郎在《被讨厌的勇气》中写道：如果了解世界之大，就会明白自己所受的苦只不过是"杯中风暴"而已。只要跳出杯子，猛烈的风暴也会变成微风。闷在自己房间里就好比停留在杯子里，躲在一个小小的避难所里一样。即使能够临时避雨，但暴风雨却不会停止。

在家庭中，父母占据着绝对"话语权"，但那种权力仅限在家庭内部使用。如果你在家庭中经受着凄风苦雨，可以试着从"外面"寻找位置，可以外出求学，或者出门打工。当你能留意到更多别的

"共同体"，特别是还有更大的"共同体"时，你会在那里找到属于自己的位置。

苏明玉早年离家求学，是所有人中成长最快、受负面影响最小的。反观两个哥哥，始终在原生家庭的泥潭中挣扎。大哥苏明哲，盲目自大，满嘴仁义道德，却是个不明事理的糊涂虫。二哥苏明成，蛮横自私，啃老啃出了优越感，心理上却是个没断奶的孩子。

东野圭吾说："谁都想生在好人家，可无法选择父母。发给你是什么样的牌，你就只能尽量打好它。"

成长的宿命，就是超越你的原生家庭。面对同一种环境，不同思维的人会形成截然不同的判断。所以，原生家庭的影响是一回事，自己如何选择又是另外一回事。

当人际关系陷入僵局，生活走进死胡同的时候，我们不妨站在更高维度去看待这件事，自然而然会看到其他出路。"世界这么大，我想去看看。"我们需要扩充人生的地图，不要拘泥于眼前的一方寸土，只有找到更大的"共同体"，人生才会出现反转。

忠告 4
人生的意义，由你自己书写

人是有意识的个体，参与创造自己的命运

改变思维，人生有无限可能。

人人都羡慕学霸、天才，以及那些在行业里叱咤风云的人物。在大众的意识里，那些人智商超群，天赋异禀。很多人认为他们的成功与天赋有关，他们命中注定成为行业精英，天之骄子。于是，碌碌无为之辈就有了躺平的借口："智力上的差距，后天无法弥补""他们是天才，凡人怎么努力都白费"。

难道没有天赋的普通人，就不能获得成功吗？

美国对冲基金教父，有着"投资界的乔布斯"之称的雷伊·达里奥曾经说过："我阅人无数，没一个成功人士天赋异禀。"他发现，

大众对于成功人士的解读存在误区，似乎只有考入常春藤联盟的名牌大学、各科成绩都是 A 的人才配得上成功。事实并非如此，在当今社会上取得成就的人，大多智力上没有明显的优势，他们与常人一样也有缺点，也会犯错。

有研究表明，学习成绩、阅读能力和智商高低都与遗传因素有关。"天赋"作为一种先天优势被写进基因里，不少人把这项显而易见的优势看得太重，似乎拥有天赋就能活出人生高度。

阿德勒认为有这种想法的人思维模式被固化了，他指出，才华或遗传对成功的影响力很小，可以忽略不计。

他用亲身经历现身说法。阿德勒刚上中学的时候，数学成绩相当差，第一年被学校安排留级。老师断定他没有数学天赋，不如趁早退学，去做个鞋匠学徒。阿德勒不信邪，铆足了劲学习。过了一段时间，他的数学成绩突飞猛进，甚至连老师都感到棘手的数学难题，他也做得出来。其后很多年，他的数学成绩一直名列前茅。这验证了一句老话："成功需要 99% 的努力和 1% 的天赋。"

受到这次经验的启发，阿德勒认为人是有意识的个体，在不断自我启发中，充分发挥自主性，参与创造自己的命运，决定自己的生活风格。他反对过分夸大遗传或者天赋对一个人发展前景的影响力，并指出很多人就是因为太过在意自己不具备某种天赋，而为人生设定了一个无法翻越的屏障。

阿德勒提醒我们，经常暗示自己做不到，久而久之，就会形成惯性思维，以致内在潜能激发不出来，可能真的一辈子都做不到了。个人能力实际上是因需求而产生的，如果你想达成人生目标，努力是必不可少的。只要不是好高骛远，最终目标都可以实现。

科学研究表明，人类的大脑和肌肉一样，可塑性极强。在大脑神经元之间负责传递信号的是"突触"，每次获得新知识时，会产生新的突触，在复习旧知识时，突触的连接会变得更加牢固。大脑的可塑性是终身的。也就是说，我们的学识、才智、技能，完全可以通过后天不断地训练获得。

阿德勒提出"任何人都可以做到任何事"，每个人的能力是没有边界的。换言之，成功人士与平庸之辈最大的区别就在思维模式上，真正阻碍我们成功的，是人的固定思维。

固定型思维模式认为，聪明才智等能力是天生的，通过后天努力无法改变。成长型思维模式则认为，天赋只是起点，人的才智可以通过锻炼获得提高，只要努力，一切皆有可能。

心理学家卡罗尔·德韦克在其著作《终身成长》中写道："如果你的思维是固定型的，意味着你相信天赋是与生俱来的，再多的练习也不会帮助你提升。"

据传言，巴尔扎克20岁初尝写作时，很不顺利。他自信满满地把作品送给一位著名的学者点评，对方评价道："选择写作是在浪费你的时间。"

巴尔扎克一听，看来自己没有天赋，索性放弃写作，开始经商，结果欠了一屁股的债。为了赚钱，他重新拿起了笔，匿名写了很多当时流行的通俗小说。写这种东西不但能锻炼文笔，还给他带来了可观的收入。但是，巴尔扎克想跻身到作家名流之列，他不甘心一辈子写这种三流小说。

经过深思熟虑，他决定写长篇小说，于是开始构思《人间喜剧》。

巴尔扎克是一个彻头彻尾的工作狂，连续写作二十年，每天伏案工作十几个小时。他对写作极其严谨，力求完美，先用笔写，再用打字机打出来修改，反反复复、不厌其烦地改，而且很多时候是大修大改，一直改到自己满意为止。

经过不懈努力，他的作品一发表就引起了轰动，他由此声名鹊起，与雨果成为法国文坛的双子星。

年轻时的巴尔扎克是固定型思维的人，因为别人的评价，他给自己设限，放弃了写作。经过一番波折，巴尔扎克重回文坛，经过岁月的洗礼，他拥有了成长型思维，时刻调整自己，不断努力，向上奋进。

固定型思维的人只相信天赋，他们不会像成长型思维的人那样，主动思考解决问题的方法，并通过努力改变命运，获得成长以及成功。

拥有固定型思维的人，他们认为人的才能是得天独厚的优势，他们不想努力，不愿意突破自己，逃避为自己开创前途的责任，终其一生都在证明自己"不行""不配"。殊不知，正是一个人的思维模式，关闭了世界向我们敞开的大门，也切断了向上发展的机会，成为生命中不可逾越的天堑。

常言道，思维不对，努力白费。世间万物，皆在变化，人生不是从出生那一刻就被注定的，寒门可出贵子，鲤鱼可以跃龙门。那些看似"办不到"的事情，我们改变思维的一瞬间，会彻底翻盘。

我们要抱持乐观主义而不是乐天主义

乐观主义强调积极心态的同时，从现实出发，寻求解决之道。而乐天主义则是遇到困难静静等待，盲目地抱持一种乐观心理，相信上天会眷顾自己，行动上不用付出任何努力。

人生以快乐为本，我们终其一生都在寻求快乐。

于是，一些人不停地追逐世俗意义上的成功，不断地追名逐利，与别人一较高下。慢慢地，你会发现，金钱是可以保障一个人的物质生活，但是一个人的内在精神是否快乐，却并不是由他拥有的金钱数量来决定的。

如果你的心足够豁达、开阔、善良，即便日子过得简朴，也会感到快乐。反过来，如果你的心充满自私、狭隘、浅薄，即使锦衣玉食，也很难获得满足。

物随心转，境由心造。人这一生，最重要的是拥有一个好心态。假如抱有积极乐观的人生态度，就算面对坎坷与波折，也能微笑以对。

英国前首相丘吉尔曾说过："悲观主义者从每一个机会中看到困难，乐观主义者从每一个困难中看到机会。乐观主义的人心胸开阔，看世界的眼光宽广，即使遇到困难，也能很快调整好心态，迎难而上。"

千百年来，北宋的大文豪苏轼得到众多人的仰慕，人们不仅称赞他的盖世才华，更是钦佩他身处困顿之中仍能保持乐观的心态。

纵观苏轼跌宕起伏的一生，不是被贬，就是走在被贬的路上。

42 岁那年，一桩"乌台诗案"险些让苏轼丧命，之后他被贬谪到穷山恶水的黄州。

被贬之后，面对居无定所、无米做炊的艰难处境，苏轼没有自暴自弃，他效仿起陶渊明，过上了归隐田园的生活。他脱下诗人的华袍，换上了农夫的衣服，自称"东坡居士"，带领家人开荒种地、筑坝养鱼，忙得不亦乐乎。

农闲时，他钻研美食，自创了东坡肘子、东坡肉、东坡鱼等佳肴，改善伙食。盖房子遇到大雪天，他不抱怨，还自得其乐取名为"雪堂"。

一次，他与友人出行遇上大雨，一行人被淋成落汤鸡，其他人的大好心情荡然无存，唯有苏轼泰然处之，发出了"也无风雨也无晴"的人生感慨。这不仅是遇雨的感受，更是经历无数人生坎坷与磨难后的感悟，表示不论身处何种逆境，都要保持一种超然的乐观。

关于苏轼的乐观，历代史学专家、文人墨客评说得太多太多。林语堂把苏轼列为第一有魅力的人物，评价他是"无可救药的乐天派"。

阿德勒指出，乐观主义与乐天主义两者区别很大。乐观主义是指不会忽视困难的存在，在强调积极心态的同时，从现实出发，抓住一切潜在的机遇，充满自信地寻求解决之道。而乐天主义则是遇到困难静静等待，盲目地抱持一种乐观心理，相信上天会眷顾自己，行动上不用付出任何努力。

显然，林语堂口中的"乐天派"指的是"乐观主义"，而不是一派天真的"乐天主义"。苏轼坦然接受"被贬流放"这一事实，并且相信自己有能力去解决困难，采取积极的行动，努力拼搏。

为了更好地阐述乐观主义和乐天主义的区别，我们从《思维的囚徒》中有关"乐观"的陈述来进一步解读。"乐观主义"应当具备三个条件：第一，采用积极的态度来应对当下的状况；第二，对改善方案进行创造性设想；第三，从态度激发出行动的热情，将可能变成现实。

阿德勒告诫我们："从眼前的现实出发，寻求解决之道，才是乐观主义态度。它与只想着'没关系，船到桥头自然直'却什么都不做的乐天主义是不一样的。我们要抱持乐观主义而不是乐天主义。"

一个人在遇到困难的时候，没有思考对策，也没有采取行动，一味地坚信自己运气好，一再给自己打鸡血，"放宽心，一定会没事的"，这是纯粹的乐天主义。它不仅不会产生积极作用，还会让情况变得更糟。

电影《当幸福来敲门》里面的男主角克里斯给儿子讲过一则故事：

一个虔诚的牧师溺水了，他坚信上帝会来救他。所以，牧师两次拒绝了企图搭救他的船，随着水位的高涨，他被淹死了。牧师到了天堂质问上帝为什么见死不救，上帝表示很冤枉，说他明明派了两艘船过去。牧师因为盲目乐观，笃信上帝会亲自出手相救，因此错过了其他可行的方案，最终，他付出了生命的代价。

莫让乐天主义成了一种自我安慰，甚至是自我麻痹。

在高节奏的都市生活中，每个人都面临着各种各样的压力。如何在压力下保持乐观主义，对于我们来说十分重要。拥有积极乐观的心态，我们不会因小事而烦恼，会把失败和挫折看成走向成功的踏脚石，时刻保持前进的动力。可是，我们绝不能单单生活在乐观里，也不能生活在自己构筑的精神幻想中，我们需要乐观，但更需要行动。

认真完成每一件小事，人生会在你意想不到的时候发生改变

想要获得自信，完成每一件小事，远比做大事重要。

身在职场，每个人都会感到焦虑。

现在的你，是否因为专业能力不足，缺乏竞争力而感到焦虑？是否因为薪水没有起色，每个月都要面对房贷、车贷、孩子奶粉钱而感到焦虑？是否因为父母年纪大了，你却没有什么积蓄，还要忙

于工作，无暇照顾他们而感到焦虑？

这些焦虑的根源，都是因为工作上的付出与回报不成正比。

有的人成长速度惊人，两三年能上升一个大台阶，职业前景一片辽阔；而有的人明明也在努力，但是各方面能力却变化不大，依旧是公司里的小透明，因此，他们会得出结论，"虽然我尽力了，但是我能力有限，确实是做不到"。

加藤谛三在《与内心的冲突和解》中写道："不安的人，可能会认为缓解不安的方法是成功，认为只要获得社会性成功，人生中的诸多问题都将迎刃而解。然而，现实是，即使成功了，不安也得不到缓解。"

这句话足以解释，为何现在很多人越努力，越焦虑。

对于那些焦虑的人来说，这种不安的感觉实际源于他们内心对自己的否定与厌恶。他们一直以为，赚到更多的钱，住更大的房子，拥有更高的社会地位，人生才有价值。所以，他们急切渴望打一场漂亮的翻身仗，取得辉煌的成功，以此获取自我肯定。努力只是他们缓解焦虑的手段而已。

他们显然混淆了概念，这种"自信"并非真正意义上的自信，而是把"成功"与"优秀"画上了等号。在别人的肯定和羡慕中，追求一种"我很成功""我很优秀"的虚伪优越感。

在阿德勒看来，自信是一种个体主观认为"自己有价值"的信念。它等同于美国心理学家班杜拉提出的"自我效能感"，即人们相信可以利用所拥有的技能，通过行动和努力去完成某项目标。换句话说，"觉得自己可以为他人做出贡献，也有能力解决自己的人生课题"。

阿德勒提出："当我们开始去做自己力所能及的事时，世界或许不会因此而发生改变，可如果我们什么都不去做，事情只会朝更糟糕的方向发展。努力，不一定会产生好的结果，但是不努力，一定会产生坏的结果。"

事实上，你根本不需要特别优秀，只要你愿意做一些力所能及的事，把你曾认为"不可能"的事变成"可能"，哪怕只是一件微不足道的小事，你的信心也会增强。

可是，当我们着手行动后，棘手的问题依旧横亘在眼前。一旦你意识到自己"做不到"，就会陷入焦虑的情绪之中，并因此放弃尝试，被动地等着。这样选择的结果无疑会让事情愈变愈糟，自责和自我否定进一步加深，整个人变得越来越自卑。

阿德勒说过："生活方式不是天生的，而是由个人自己选择的。既然是可以选择的，那么就可以重新选择。"因此遇到挫折后，我们不要一味地沉浸于懊恼与自责中，而是要学会谅解，坦然接受失败，并将关注点放到如何改进上。

俗话说，不破不立。假如这个时候，你能够把头脑中的"我不行"换成"我试试"，努力换一种思路，事情的结果往往会朝着好的方向发展。你也会因此获得一种全新的认知：原来我可以做到。

从小事做起，通过一次次成功的经验，不断地增强自信心。持续行动带来的自信和勇气，又会推动你不断地完善自我，把更多的"不可能"变成"可能"。长此以往，人生会在你意想不到的时候发生改变。

所谓自我成长，本质上就是不断打破和重建一个个微循环的过程。将关注点从对过去挫折的懊恼转移到对未来的改进上，多树立"我能行"的信念，我们的自信就能得到提升，内心那些因为自我否定而产生的不安与焦虑，也能从根源上得到解决。

教育学家陶行知曾经说过："点滴的创造固不如整体的创造，但不要轻视点滴的创造而不为，呆望着大创造从天而降。"

要想获得自信，你不必刻意追求那些难以企及的宏大目标，这样的想法反而会让你被困难吓倒，陷入困境。你只需踏踏实实地把一件件自认为"做不到"的小事做成、做好，这样你在不知不觉中就变得更优秀了。

有这样一个故事——

有人对小闹钟说："你的任务很重，一年要不停地'嘀嗒'三千多万次，你能忍受这种单调乏味的生活吗？"小闹钟听后十分沮丧，心里不由得打起了退堂鼓。

一只老怀表对小闹钟说："不要总想着一年需要'嘀嗒'三千多万次，只要坚持每秒'嘀嗒'一次就行了。"

于是，小闹钟按照老怀表说的去做。一年过去了，小闹钟顺利完成了"嘀嗒"三千多万次的任务，变得更加成熟和自信。

请记住，凡事要坚持从小事做起，不要急于求成，完成每一件小事，远比做大事重要。这些点点滴滴、无人问津的努力，才是真努力。当然，成功不是一蹴而就的，它是量变引起质变的过程。只要坚持做好一点一滴的事，距离成功的目标一定会越来越近。

持续而稳定的输出十分重要。让努力的因子融入你的血液，将努力埋藏于身边的每一件小事上，想好今天要做什么，明天该做什么，就像那只小闹钟一样，坚持每秒"嘀嗒"一下，时间久了，你会惊奇地发现，不能完成的事情实在是微乎其微，我们自然就会越来越自信。

好好活着，比什么都重要

只要一心一意地好好活着，就不会去担心没有未来。

很多人感叹日子太难，加班到凌晨是常态，每月靠"花呗"度日，爱情遥不可及，拼尽全力依然是大城市的"局外人"。苦难似乎与呼吸为伴，多活一天，身上的疲惫与痛苦就多一分。

他们看不到未来，不知道活着到底是为了什么。

日本阿德勒心理学顾问岸见一郎，曾给一位无助的青年人做心理辅导。青年亮出了手腕处新添的伤痕，说："我又干了傻事……"

据媒体报道，"自杀，已成为日本年轻人的第一大死因"。选择自杀的人通常患有不同程度的抑郁，他们性格内向、孤僻，以自我为中心，难以与他人建立正常的联系。当压力大到无法释放时，所有的痛苦汇集在一起，身体与心理备受煎熬，最终陷入一种焦虑与绝望之中，觉得既然活着那么痛苦，不如了断自己，以求解脱。

细观他们的生活，你会惊讶地发现，他们绝大多数并没有遭受突如其来的灾祸或者罹患绝症。只是遇到困难后，如升学考试失利、失业、社会生活人际关系改变等，他们倾向于用自杀来逃避问题。

抑郁症患者极度地否定自己，自我价值感非常低，觉得自己活得很失败，认为自己活着只会拖累其他人。他们在情绪上出现障碍，心理严重失衡，一根稻草就能压垮他们。

阿德勒表示一切烦恼源自人际关系。有人为职场里的上下级关系而感到烦躁不安，有人为交不到朋友而沮丧或者为交友不善而痛苦，还有人为婚姻支离破碎而恼火。

生活本就一地鸡毛，与人接触就难免遭受背叛，或者被人嫌弃。但是，为了躲避人际关系所带来的烦恼，不与任何人建立深层次的关系，就体会不到与人交往的快乐，也无法获得幸福。

有苦有乐实属正常，生活会给予每个人考验，就像一张白色的画布，任由你用丰富的色彩描绘。如果你对生活满怀期望，画出的就是晴空万里，反之，得到的就是一幅乌云罩顶的画卷。

对于只看到生活负面的抑郁症患者来说，他们视野狭窄，思想偏激，经常自我灌输"我这辈子过得很不幸"的意识。

阿德勒认为，"这种人善于自己给自己加一个套，设定种种极限和限制，觉得一辈子几乎没遇到过什么好运气，人生充满了失败、危险和坎坷"。他在著作中多次提到一种人物形象，即肩负重担，因无法承受担子的重量而弯腰驼背、举步维艰的人。活得无比艰辛的人，往往都认为肩上的负荷比泰山还沉重。

　　阿德勒在《性格心理学》中进一步阐述，抱有神经症生活方式的人"一生都在努力寻找重担来背在肩上"。这群人习惯性地把困难放大，即使是浅浅的烂泥塘，也能挡住他们的脚步。他们对人生课题采取回避的态度，在解决困难方面，显得犹豫、迟疑，因此对未来抱有悲观而消极的态度。

　　人这一生，注定会遇到风霜雪雨，每个人都在不断地与生活苦战。所以，调节自我的复原能力就显得尤为重要。

　　王小波说："我们没办法决定怎么生怎么死，却可以决定怎么爱怎么活。"

　　当厄运降临，生命进入倒计时时，有的人被吓破了胆，惶惶不可终日，而具有复原力的人，能迅速平复内心的焦躁，从容地面对现实，不放弃爱与希望，迎风逆行与命运抗争。

　　一位"海归"女博士是复旦大学的副教授，同时也是一位普通的妻子、女儿和妈妈。在本该享受岁月静好的年龄，却被确诊为乳腺癌晚期，生命永远定格在 32 岁。

　　生病之前，她为了读博、留学，忙得像一只不知疲倦的陀螺，压榨睡眠时间，熬夜成瘾。等她学业有成，事业步入正轨，拥有幸福的三口之家，一切看似顺风顺水时，命运却和她开了一个无情的玩笑，直接夺走了她的全部。

　　噩耗来得太突然，前两天还抱着孩子精神抖擞的她，怎么突然成了躺在病床上的待死之人？

　　在化疗的日子里，被痛到晕厥的她没有哭，她想活下去，靠着强大的心理复原力，她与残酷的命运握手言和，用生命写下抗癌日记，鼓励同样处于困境中的人学会乐观坚强。

这世上除了生死，都是小事。

身处绝境，更能领会到爱与温情的可贵，身患绝症的她彻悟，在《此生未完成》中写道：名利权情，没有一样是不辛苦的，却没有一样可以带去。人生的意义不在于为了名利权情去透支自己，而是好好活在当下，用力去爱。

她在生命的最后一程，教会我们，如何去热爱生活，如何去对抗困难，如何去直面人生。

苏格拉底曾说过，不要去想自己还能活多久，不要执着于生命何时结束，而是应该思考：我们应该怎么做，才能将剩下的时间做最好的运用。

苏格拉底给出的答案是："珍惜生命，不是说只是活着就好，而是，要好好活着。"

他举了一个例子，如果一对恋人关系相当融洽，他们根本不担心未来某一天会分手。正因为现在的每一天过得都很甜蜜，他们才有可能步入婚姻，白头偕老。反过来说，若一对恋人关系紧张，他们就会一直担忧未来的发展。

人生也是如此。只要一心一意地好好活着，就不会去担心没有未来，或者说根本没有必要担心。通常来说，对未来不抱任何希望的人，通常是因为现在活得不好。

阿德勒总结道："人生虽然是有限的，但是其长度足够让我们活出价值。"

好好活着，比什么都重要。

　　人生或许没有你想象的那么好，但是也没有你想象的那么糟。当你感觉撑不下去的时候，你要记得在社会底层摸爬滚打的人还在咬牙坚持，所以，你也要顽强地走下去。当你绝望崩溃到想要轻生的时候，想想每一个身患绝症的人，他们都舍不得离开，在拼命地活下去，所以，你也要学会珍惜眼前。

　　生命这杯苦咖啡，熬过最苦的，剩下的就都是甜。认真地活好每一个当下，才不枉此生。